L'EXPOSITION UNIVERSELLE DE SHANGHAI

Joël Le Quément

L'EXPOSITION UNIVERSELLE DE SHANGHAI

Shanghai, une cité du monde

L'Harmattan

5-7, rue de l'Ecole-Polytechnique, 75005 Paris

http://www.librairieharmattan.com
diffusion.harmattan@wanadoo.fr
harmattan1@wanadoo.fr

ISBN : 978-2-296-54590-8
EAN : 9782296545908

Prologue

Shanghai, une cité du monde[1]

« *On a quelquefois parlé de la fin de l'histoire. Shanghai nous donne l'exemple de ce qui paraît le début de l'histoire.* »

Ilya Prigogine[2]

---

[1] Pour Shanghai, en hommage à Jean-Marie Charpentier (1939-2010), architecte et urbaniste, pour son œuvre accomplie à Shanghai (Opéra de la place du Peuple, aménagement piétonnier de la rue de Nankin, conception de l'avenue du siècle).

[2] Ilya Prigogine, prix Nobel, préface de l'ouvrage de Joël Le Quément, *Shanghai – À la croisée des chemins du monde*, deuxième édition, L'Harmattan, 2002.

La cité financière Lujiazui dans la zone de Pudong à Shanghai, photographie de l'auteur, juin 2010

Shanghai[3] appartient à l'histoire de la Chine et du monde. La cité province prit la dimension du mythe au XXe siècle.

Port de pêche jusqu'au milieu du XIXe siècle, elle fut, pour le meilleur et le pire, élevée au rang de porte de l'Orient pour les occidentaux, versant dans tous les commerces, celui des biens comme celui des idées et des idéologies. Elle se développa dans la rencontre violente avec les puissances occidentales durant un siècle.

Pour inique qu'elle fût sur le plan politique, la présence étrangère fit de Shanghai, avec la population chinoise, un pôle financier et industriel très puissant. Le fleuve Yangtzé joua pleinement son rôle d'artère économique de la Chine. Comme l'a notamment souligné André Malraux dans *La Condition humaine* : « Cœur vivant de la Chine, Shanghai palpitait du passage de tout ce qui la faisait vivre ; jusque du fond des campagnes – la plupart des propriétaires terriens dépendaient des banques – les vaisseaux sanguins confluaient comme les canaux vers la ville capitale où se jouait le destin chinois[4]. »

---

[3] Le nom de Shanghai est composé de deux idéogrammes : *Shang* – qui signifie « dessus », et est utilisé dans ce nom comme verbe « aller vers » – et *hai*, « la mer ». Littéralement, Shanghai signifie « aller vers la mer ».

[4] André Malraux, *La Condition humaine*, collection Folio, Gallimard, p. 116-117

Son destin bascula après la révolution de 1949. Elle retourna à l'anonymat par la normalisation qui s'ensuivit. Le cosmopolitisme et le dynamisme marchand qui avaient fait d'elle une cité de légende furent alors mis en veilleuse.

Ce que Pierre et Renée Gosset[5] ne manquèrent pas d'observer dans leur ouvrage *Chine rouge an VII* : « Le port de Shanghai, un spectacle lamentable, désolant. À perte de vue, des quais déserts sur des kilomètres, les wharfs où venaient s'amarrer les cargos venus du monde entier sont vides. Vides les entrepôts, les godowns, comme sont vides les grands immeubles du Bund (…).

Shanghai est devenue une ville « raisonnable ». Lavée de son exotisme, purifiée de tout ce qui faisait sa turbulente réputation (…). Décapée ainsi de tout ce qui faisait son charme. »

Puis Shanghai resurgit. Par la voix de Deng Xiaoping au début des années 1990, son destin est relancé de façon spectaculaire au moment où la voie de la mondialisation devient le credo des nations. Dans une période où la Chine souhaite retrouver sa position historique, perdue au XIXe siècle, de grande puissance en Extrême-Orient et dans le monde.

---

[5] Pierre et Renée Gosset, *Chine rouge An VII*, Club des éditeurs, collection « Hommes et Faits de l'histoire », mars 1960

L'économie de l'Asie est en effet de plus en plus marquée par la présence de la Chine. La métaphore des Chinois, qui fait du fleuve Yangtzé le dragon de la Chine et de Shanghai sa tête, trouve une réalité nouvelle.

Ville la plus grande de Chine, Shanghai en redevient la capitale économique et financière. La volonté des plus hautes autorités politiques est d'en faire le Hong-Kong du XXIe siècle. C'est à nouveau la démesure et la puissance des moyens et des talents réunis. C'est aussi le choix et l'ambition d'une société « technologique », aux prises avec les grands acteurs économiques du monde, dans le plus grand chantier de Chine engagé sur la rive droite du fleuve Huangpu. La nouvelle cité de Pudong en développement, face à « l'énormité de Shanghai », est un immense défi de la société chinoise pour le temps à venir.

Le 18 avril 1990, le gouvernement central chinois annonça le développement de la nouvelle zone de Pudong et l'ouverture aux investissements étrangers. L'engagement des plus hautes autorités politiques de l'État fut fort et constant. Lors de sa tournée d'inspection au début de l'année 1991, Deng Xiaoping annonça : « il faudra maîtriser avec fermeté le développement de Pudong, s'assurer qu'il se réalise et ne jamais le remettre en cause »[6]. L'année suivante, Jiang Zemin, alors président de la Chine et ancien maire de Shanghai, soutint cette ligne pour la construction de Shanghai dans le futur et en particulier pour le développement de Pudong, appelée à jouer un rôle important pour l'économie chinoise tout entière[7].

Forte de la garantie du pouvoir central, son avenir parut alors assuré. Une stratégie à long terme fut établie : l'objectif était bien de l'élever au rang de centre économique, financier et commercial de dimension mondiale. La réalisation de Pudong en devint l'enjeu majeur.

Des objectifs ambitieux lui furent ainsi fixés en 1997 pour l'horizon 2010[8] :
– Atteindre une croissance économique annuelle de 10 %, ce qui induira à terme une transformation profonde de la part des principaux secteurs d'activité : 1 % d'activité pour le secteur primaire, 39 % pour le secteur secondaire, et 60 % pour le tertiaire. La tertiarisation de ses activités signifie aujourd'hui un bouleversement du tissu social. Priorité y est donnée à l'éducation et à la formation de personnel qualifié et de chercheurs.
– Optimiser la répartition de l'espace urbain et de ses fonctions économiques et sociales. Shanghai

---

[6] *In* Joël Le Quément, op. cit., 2002, p. 128
[7] *In* Joël Le Quément, op. cit., 2002, p. 90
[8] *Shanghai Basic Facts*, China International Press, p. 86 et suivantes, 1997

est devenue la principale mégapole qui entraîne dans son sillage l'ensemble des provinces du Yangtzé.

– Consolider l'infrastructure et notamment ses équipements de télécommunications.

– Renforcer son rôle de pivot économique, de pont entre le marché intérieur et le marché international.

– Devenir un pôle d'entraînement de l'économie socialiste de marché, par la constitution d'une puissante place financière et par le développement des technologies du futur.

Autant dire que ces objectifs ont été largement atteints en 2010, au moment de l'exposition universelle et de son accomplissement « hors du commun ».

Tout atteste une immense mutation, un changement de paradigme sociétal, comme le montrent les indicateurs suivants[9] :

Sur une superficie de 6 340,5 km² – dont 1 210,41 km² pour le district de Pudong – Shanghai a vu sa population passer de 5,2 millions d'habitants en 1949 à 7 millions à la fin des années 50 et à 20 millions en 2009 – dont 4 millions à Pudong.

[9] *Shanghai Basic Facts 2010*, Planning Publishing Centre of Shanghai Literature and Art Publishing Group, 2010

L'espérance de vie moyenne de la population s'élève à 81,7 ans, équivalente à celle des populations des pays développés, soit 79,4 ans pour les hommes et 84,1 ans pour les femmes.

Pratiquement 100 % (99,9 %) des jeunes sont scolarisés, avec un taux de chômage inférieur à 5 % (4,5 %).

Du point de vue de la dynamique économique et financière, le taux de croissance du PIB (produit intérieur brut) a été en moyenne supérieur à 10 % par an depuis 2000 et le PIB par tête a connu une progression quasi exponentielle pour atteindre l'équivalent de :

1 000	dollars US	en 1990
2 000	"	en 1995
plus de 10 000	"	en 2008
11 451	"	en 2009

Des travaux d'infrastructure gigantesques ont été engagés, comme l'extension de réseau du métro, devenu le plus grand au monde, le port en eau profonde à l'embouchure du Yangtzé, relié au continent par un pont de 32,5 km de longueur, les ponts, les infrastructures urbaines d'assainissement, de distribution de l'énergie, etc.

Surtout il faut compter avec l'apport déterminant de la nouvelle zone de Pudong qui devient l'espace phare, multifonctionnel, de la stratégie d'ouverture de Shanghai et de la Chine sur le monde. Par sa puissance de développement scientifique et technologique (parcs technologiques et industriels), par sa puissance financière (cité financière Lujiazui), par sa contribution au développement social et culturel (opéras, musées).

C'est en fait la trame et l'environnement immédiat de l'exposition universelle de Shanghai et de son site d'accueil.

Comment donner vie à un ensemble aussi gigantesque ? N'est-on pas en pleine utopie, avec le « dessein d'une société idéale » ?

Au cœur de cette construction d'une nouvelle cité, il y a en tout premier lieu la volonté politique d'y rassembler les principaux outils de la puissance et de la domination financière et économique au XXIe siècle. Finance, commerce, recherche et développement dans les secteurs des technologies avancées y prédominent.

La cité de Shanghai constitue une base sociétale dont les ambitions dépassent largement l'espace proprement dit de cette zone. Les autorités politiques les plus éminentes de la Chine s'y sont engagées. L'impulsion, la maîtrise et le contrôle politiques sont omniprésents.

En son sein, Pudong est devenue le lieu de passage obligé des hôtes de marque de la Chine. C'est la vitrine la plus attrayante pour les délégations étrangères, à laquelle ne manquent pas de contribuer les membres les plus influents de la diaspora chinoise de Singapour, de Malaisie, d'Indonésie, de Taiwan, etc. En cela, cette zone est en passe de devenir un nouveau centre de l'influence de Shanghai sur le plan international.

Dans un espace bien délimité et puissamment organisé, la zone de Pudong concrétise de fait une alliance stratégique entre les intérêts politiques et financiers chinois les plus élevés et les intérêts des décideurs économiques multinationaux.

Shanghai, avec Pudong, est bien le chantier le plus ambitieux dans lequel la Chine contemporaine s'est engagée pour réussir son insertion dans le processus de mondialisation. Son défi est immense, comme l'attestent son engagement considérable en hommes, sa concentration des moyens et l'ampleur de ses réalisations en infrastructures.

Cité du futur, Shanghai entend être en résonance avec toutes les formes nouvelles de développement économique et social du XXIe siècle. Nouvelle Babylone, tour de Babel du XXIe siècle en cette année 2010, Shanghai a accueilli la plus grande exposition universelle de tous les temps sur les deux rives du Huangpu.

I

LA ROUTE VERS L'EXPOSITION UNIVERSELLE DE SHANGHAI 2010

1. La naissance et le déploiement des expositions universelles

« *Les âmes ont leurs fêtes depuis toujours : liturgies religieuses. Les corps aussi, depuis la Grèce : Jeux olympiques. La fête des machines ne remonte qu'au milieu du dix-neuvième siècle : c'est l'Exposition universelle. Ainsi s'équilibre le calendrier des sociétés industrielles.* »

Régis Debray, « Voyage au pays des expositions universelles. Entre Diderot et Disneyland », *Le Monde*, 7 juin 1990

C'est au XIXe siècle que naissent et prennent leur essor international les expositions universelles, d'abord à Londres en 1851, puis à Paris en 1855. Le Royaume-Uni et la France vont ainsi donner l'impulsion décisive à un événement tourné vers le rassemblement des peuples dans le domaine des manufactures et des arts. L'Europe en fut en tout premier lieu le théâtre, avant de passer aux États-Unis le témoin d'une célébration progressivement gagnée par un processus irréversible de construction de l'universel.

Nous fûmes ainsi en pleine célébration de la science et du progrès technique, de cette vénération du progrès devenant en quelque sorte une forme de « religion nouvelle » tournée vers le développement humain : « Une approche universelle, (...), idéaliste, celle d'un monde uni que symbolisent les œuvres du génie humain, rassemblées pour un progrès commun »[10]. Cette vision de l'universel s'est construite au fil des Expositions et de leur tenue dans des cités emblématiques du XIXe siècle et du début du XXe siècle. Il en fut ainsi au cours des Expositions suivantes, dont la première à Londres donna par le thème choisi l'orientation profonde : « The Great Exhibition of

---

[10] Marcel Galopin, *Les Expositions internationales au XXe siècle et le Bureau international des expositions*, collection « Chemins de la mémoire », L'Harmattan, Paris, 1997, p. 6

the Works of Industry of all Nations », témoin de la révolution industrielle.

1851	Londres	1889	Paris
1855	Paris	1893	Chicago
1862	Londres	1897	Bruxelles
1867	Paris	1900	Paris
1873	Vienne	1904	Saint-Louis
1876	Philadelphie	1905	Liège
1878	Paris	1906	Milan
1880	Melbourne	1910	Bruxelles
1888	Barcelone		

Ces Expositions furent déjà des lieux de rassemblements conséquents et de grande popularité : entre 5 et 7 millions de visiteurs à Londres, à Paris et à Vienne au début, près de 10 millions à Philadelphie (1876), 27 millions à Chicago (1893), 32 millions à Paris (1889), 50 millions à Paris (1900).

De même que la superficie des sites d'accueil s'accrurent, passant de 15 hectares à Londres en 1851 à 68 hectares à Paris en 1867, à 233 hectares à Vienne en 1873 et jusqu'à 500 hectares à Saint-Louis en 1904.

Ce furent d'abord des lieux de célébration d'événements historiques fondateurs, comme à Philadelphie en 1876 pour le centenaire de la Déclaration d'indépendance et à Paris en 1889 pour le centenaire de la Révolution française.

Cette Exposition fut accueillie dans le jardin du Trocadéro et couronnée par l'édification de la tour Eiffel, symbole d'un humanisme triomphant.

Comme elles furent des vecteurs puissants des arts, notamment de l'art japonais, valorisé à l'exposition de Londres de 1862, et des Arts nouveaux à celles de Paris (1889) et de Bruxelles (1897). Ainsi naquirent le japonisme dans l'art occidental et l'Art nouveau imprégnant l'architecture et la décoration intérieure en Europe.

Comme elles accrurent le rythme de diffusion du progrès technique et des nouveaux biens d'équipement et de consommation, ce qui facilita l'amélioration des modes et des conditions de vie.

Le tournant de la Convention de Paris de 1928

L'année 1928 fut déterminante. À l'initiative de la France, la Convention réunit 40 pays, dont les pays représentants furent surtout d'Europe et d'Amérique latine, avec une représentation des États-Unis en tant qu'observateur. Deux continents y furent absents : l'Asie (à l'exception du Japon) et l'Afrique.

Outre le vif débat autour de la définition des Expositions et de leur objet, la Convention réussit à créer un organe permanent chargé d'élaborer le cadre des Expositions et de leur mise en œuvre : le

Bureau International des Expositions (BIE). Le siège fut fixé à Paris. La langue française devint et est toujours la langue officielle du BIE ; parallèlement l'usage de l'anglais s'est accru.

Ainsi fut élaboré le cadre formel de toute Exposition. « Une exposition est une manifestation qui, quelle que soit sa dénomination, a un but principal d'enseignement pour le public, faisant l'inventaire des moyens dont dispose l'homme pour satisfaire les besoins d'une civilisation et faisant ressortir dans une ou plusieurs branches de l'activité humaine les progrès réalisés ou les perspectives d'avenir » (Convention de Paris 1928).

Une révision de la Convention, après 40 ans d'existence, eut lieu à partir de 1965 et aboutit à la signature du protocole du 30 novembre 1972 : « Ainsi, on ne distingue plus que deux types de manifestations : les expositions universelles – vocable ressuscité et qui, pour la première fois, revêt une valeur juridique sur le plan international – et les expositions spécialisées. On est revenu à la terminologie proposée à Berlin en 1912. »[11]

Depuis lors se sont tenues onze expositions universelles : Paris (1937), New York (1939), Port-au-Prince (1950), Bruxelles (1958), Seattle (1962), Montréal (1967), Osaka (1970), Séville (1992,

---

[11] Marcel Galopin, *Les Expositions internationales au XXe siècle* (…), op. cit., p. 76

cinq siècles après la découverte des Amériques), Hanovre (2000), Aichi (2005) et Shanghai (2010). La douzième se tiendra en 2015 à Milan.

On assiste ainsi à la montée en puissance de l'Asie depuis le début du XXIe siècle avec les deux expositions, celle d'Aichi au Japon et celle de Shanghai en Chine. Par son gigantisme, cette dernière devient la première de l'histoire, tant par son site d'accueil de 528 hectares – contre 500 hectares à New York en 1939 – que par le nombre de ses visiteurs – plus de 73 millions. Le BIE compte actuellement 140 États membres, dont la Chine depuis 1993. Par cette présence élargie, l'action du BIE s'est pas à pas mondialisée. Avec les toutes dernières expositions universelles, sa présence dans le monde s'est consolidée.

Que de chemin parcouru depuis la seconde moitié du XIXe siècle ! Depuis sa création en 1928, le BIE a privilégié son rôle de rassembleur universel en composant des thèmes de rencontres autour de projets de plus en plus vitaux pour l'humanité. L'implication d'autres organismes internationaux – surtout de l'ONU – est allée croissante, comme l'a ainsi déclaré Vicente Gonzales Loscertales, secrétaire général du BIE : « Depuis 2000, la sélection du thème des Expos est étroitement liée aux principaux sujets traités par les Nations unies, notamment à travers différents programmes et accords comme l'Agenda 21 de la conférence de Rio en 1992 et les Objectifs du Millénaire pour le développement. Ils ont inspiré Hanovre 2000, *Humanité, Nature et Technologie : un nouveau monde émane*, Aichi 2005, *La Sagesse de la nature*, Zaragoza 2008, *l'Eau et le développement durable* et Shanghai 2010, *Meilleure ville, meilleure vie*. La prochaine exposition de Yeosu 2012 cible la protection environnementale des côtes et océans en référence à la Conférence des Nations unies sur le développement durable en 2012. Milan 2015, avec le thème *Nourrir la planète, énergie pour la vie*, aidera à promouvoir les Objectifs du Millénaire pour le développement. »[12]

L'espace d'exposition accueille, outre de nombreuses manifestations culturelles, des rassemblements de scientifiques, d'experts de haut niveau qui apportent une nouvelle dimension d'analyse et de proposition à l'échelle du monde. Pour un enjeu et une célébration au retentissement planétaire.

---

[12] Déclaration de Vicente Gonzales Loscertales, Forum du sommet de l'Expo de Shanghai, 31 octobre 2010

2. La route de la Chine vers l'exposition universelle de Shanghai

« *Si nous voulons rendre la Chine prospère, nous devons organiser une exposition universelle ; si nous le faisons, la ville de Shanghai est le meilleur choix.* »

Zheng Guanying, Shengshi Weiyan, *Words of Warning in Times of Prosperity*, 1893

Dès la première exposition universelle de 1851, on observe une présence chinoise, avec un commerçant en soierie de Shanghai.

En 1894, le réformateur Zheng Guanying (1842-1922) suggérait dans son ouvrage *Les Discours, à l'attention du peuple, d'une ère florissante,* la tenue d'une exposition universelle à Shanghai. En 1902, Liang Qichao (1873-1929), décrivait dans *Le Futur de la nouvelle Chine* une scène de l'Expo à Shanghai. En 1905, le gouvernement Qing envoya une délégation officielle à l'exposition universelle et internationale de Liège.

Après la deuxième guerre mondiale, la Chine en fut absente entre 1949 et 1982, année où ce fut sa première participation lors de l'exposition de Knoxville. Son adhésion au BIE fut approuvée en 1993, en tant que 46e pays membre. La Chine devint en 1999 membre de la Commission exécutive.

C'est le 3 décembre 2002 lors de la 132e assemblée générale du BIE à Monte-Carlo, que la Chine remporta le droit d'organiser l'Expo 2010 à Shanghai (54 voix « pour » sur 88 exprimées) au 4e tour devant Yeosu (Corée du Sud), 34 voix. Les autres cités concurrentes étaient Moscou (Russie), Queretaro (Mexique), et Wroclaw (Pologne). Avant le vote, le chef de la délégation chinoise

Wu Yi indiqua que s'ils étaient choisis « démonstration sera faite que c'était le bon choix ».

Ainsi, Shanghai devenait la première mégapole en développement à accueillir une exposition universelle, dans un monde de plus en plus fortement urbanisé et suivant un rythme sans précédent dans l'histoire. Choix crucial que celui de Shanghai qui s'inscrit dans une période exceptionnelle de l'histoire de l'humanité, avec l'irruption de la Chine en 2010 comme la seconde puissance économique et financière du monde, précédée seulement par les États-Unis. Quel accomplissement pour le BIE, qui voit ainsi sa mission universellement reconnue plus de 80 ans après sa constitution.

Éphémère, cette Exposition s'inscrit par son thème dans la durée et contribue à la construction durable du monde.

Comment ne pas reconnaître le caractère prémonitoire du thème « *Meilleure ville, meilleure vie* », véritable cœur du monde à venir – pour « une ville meilleure et une vie meilleure » ?

Les organisateurs ont « choisi la ville comme thème de l'Exposition 2010, car le XXIe siècle se présente comme une période importante pour le développement de la ville ; le sujet de la ville peut éveiller des résonances tant dans les pays développés que dans les pays en développement, étant donné que le rêve et la perspective de la vie urbaine du futur constituent un sujet global »[13].

L'exposition de Shanghai est bien la première exposition universelle consacrée à la ville et à son futur. Dès le mois de mai 1999, le gouvernement municipal de Shanghai retint ce thème et parvint, à l'occasion d'un concours international, à le faire reconnaître par l'intitulé « Better City, Better Life », ou « Meilleure ville, meilleure vie ».

L'esquisse de l'Expo de Shanghai

La trame, l'esquisse de cette Exposition fut un temps fort de cette préparation en 2001, où fut organisé un concours international.

Ce concours international entre cabinets d'architectes fut lancé entre septembre et novembre 2001, avec notamment la participation de :
– Architecture Studio (France)
– Philip Cox Group (Australie)
– AS&P (Allemagne)
– DGBK&KF, Stone (Canada)
– RIA (Japon)
– Luca Sacchetti (Italie).

---

[13] Département de la rédaction d'« Expo Shanghai », *Aperçu sur l'Expo 2010 Shanghai Chine*, Groupe d'édition de Chine, 2009, p. 11

Le concours fut remporté par le cabinet français Architecture Studio[14]. Toutefois, la finalisation et l'ajustement du projet furent menés par l'Institut d'architecture de l'université de Tongji, responsable du projet final. Ce concours fut le prélude du projet, qui précéda le choix de Shanghai le 3 décembre 2002 comme site de l'Expo 2010.

En faisant de l'Institut d'architecture de Tongji le maître d'œuvre de la conception du site, la Chine, via le Bureau de coordination basé à Shanghai, s'appropriait la totale maîtrise de ce gigantesque événement universel.

Ainsi le pont à fleurs enjambant le fleuve Huangpu dans le projet d'origine disparut, laissant place aux espaces du site sur les deux rives, l'un rive droite sur Pudong – le plus important, d'une superficie de 3,93 km² – et l'autre rive gauche sur Puxi, d'une superficie de 1,35 km², dans le quartier des anciens chantiers navals, les plus anciens de Chine. Ceux-ci furent notamment célébrés par André Malraux dans *La Condition humaine*. Au

[14] Ainsi : « Le projet intériorise la dimension du temps et, favorisant la biodiversité des espèces, il devient projet sur la vie. Le futur a une infrastructure dans le présent. L'urbanisation légère qui succèdera aux fêtes éphémères de l'Exposition universelle reliera définitivement la population de Shanghai aux équipements qui seront pérennisés après l'événement culturel. » (Hugo Lacroix, Shifen Li, *Architecture Studio, monographie d'un groupe*, 2004, p. 316).

dire d'un des responsables du Bureau de coordination de l'exposition universelle de Shanghai, « c'est sur cette base que nous l'avons emporté à Monaco, lors de l'assemblée générale du 3 décembre 2002 ».

Et ce fut ainsi le choix de la Chine pour un thème en prise avec l'évolution du monde au XXIe siècle. Un choix de thème judicieux, lumineux, dans un monde de plus en plus marqué par l'urbanisation de sa population, et de portée universelle.

Toutes les villes, à différents stades de leur développement, partagent le même défi du « syndrome de la cité ». Avec ce thème, c'est un regard prospectif sur les différents enjeux socio-économiques auxquels les habitants du monde se trouvent confrontés. Le thème choisi couvre en effet une large panoplie de domaines incluant l'économie, la culture, la technologie, l'habitat, le transport, l'environnement et la vie quotidienne, pour n'en mentionner que quelques-uns.

Ainsi, sur le modèle de cette exposition universelle de Shanghai, et déjà avant, « la thématique devient désormais le seul principe directeur, sinon de l'organisation de l'espace, (...), du moins des présentations telles qu'espérées par les organisateurs. Plus que jamais, l'Homme est au croisement de l'activité créatrice sous toutes ses formes et de l'univers peu à peu déchiffré, des technologies et de leurs effets, des ressources naturelles et de leur disponibilité pour la vie sur terre »[15]. Ce fut déjà le cas, et nous en fûmes témoin, de l'exposition de Tsukuba en 1985, au nord de Tokyo, avec le thème « Le foyer et son environnement – les technologies de l'information au service de l'homme chez lui ». Ce le fut avec la complicité de 20 millions de visiteurs. Comme encore à Séville avec « L'ère des découvertes », cinq siècles après 1492, dans l'infiniment grand et petit et de leur transmission. Et dans le futur proche, en 2015, avec la prochaine exposition universelle de Milan dont le thème « Nourrir la planète, énergie de la vie », en prise avec les risques de crise alimentaire, fera partager à ses visiteurs le poids d'un des plus grands défis de l'humanité de ce nouveau siècle.

Autour de ce prochain défi de 2015, sept enjeux ont ainsi été identifiés :
1) la science pour la sécurité et la qualité alimentaire,
2) l'innovation dans la chaîne alimentaire,
3) la technologie au service de l'agriculture et de la biodiversité,
4) l'éducation diététique,
5) la solidarité et la coopération alimentaire,

---

[15] Marcel Galopin, *Les Expositions internationales au XXe siècle, et le Bureau international des expositions,* op. cit., p. 200

6) la nourriture pour de meilleurs modes de vie,
7) la nourriture dans les cultures du monde et des différents groupes ethniques.

Le chemin est tracé pour les générations prochaines ; par ces choix thématiques, c'est une vision de l'avenir qui se trouve interpellée par la communauté des nations et partagée par elle.

3. Dans 1943 jours l'ouverture de l'exposition universelle et dans six mois le départ

« *Ici, c'est un bel endroit, très calme. Je ne sais pas où je serai relogée, loin d'ici. Nous n'avons pas le choix et devons partir.* »

Une habitante « déplacée » de la zone de Pudong, 4 janvier 2005

Ancien quartier de Pudong sur le site de l'Exposition, photographie de l'auteur, décembre 2005

Ce 3 janvier 2005, je me trouve dans le musée de l'urbanisme, sur la place du Peuple à Shanghai. Nous sommes à 1943 jours de l'ouverture de l'exposition universelle le 1er mai 2010. Devant l'immense maquette illuminée d'environ 500 m^2, nous découvrons le site de la prochaine Expo sur les deux rives de la rivière Huangpu, au cœur de la mégapole de Shanghai. Outre l'exposition « L'influence française sur l'art chinois » qui célébrait l'année de la France en Chine, c'est l'annonce et une représentation de l'Expo Shanghai 2010 sur le thème « Meilleure ville, meilleure vie ».

Le lendemain, je fis la visite des quartiers qui allèrent être détruits pour laisser place à la construction du site de l'Exposition. En fait, je passai de la virtualité d'une Exposition à la réalité de sa préparation et de sa mise en œuvre : le double enjeu de la destruction d'un habitat et du déplacement des nombreux habitants ainsi concernés.

J'y rencontrai les responsables en charge du « Movement Office for Expo », dépendant du Bureau de coordination de l'Exposition, dans le district du Huangpu.

Ce Bureau avait une double mission, particulièrement critique et sensible auprès des populations concernées :
– D'une part, informer et préparer les procédures de déplacement de ces populations et leur relo-

gement. Une phase qui engageait surtout les populations de la zone de Pudong, sur la rive droite du Huangpu, soit environ 17 000 familles à reloger. Rencontrées, plusieurs familles dirent leur amertume, leur désarroi à l'idée de quitter des lieux habités depuis plusieurs générations et bien avant 1949. Certaines regrettaient de ne pas avoir le choix du lieu de leur relogement, certainement éloigné. Le sol appartenant à l'État chinois, c'est la raison d'État qui primait. Sur Pudong, le délai limite de présence fut le 30 juin 2005.
– D'autre part, organiser la destruction des habitations et la délocalisation des espaces industriels, notamment les fameux chantiers navals Jiangnan[16].

Sur une superficie de 267 660 m², les travaux furent engagés à partir du 1er juillet 2005.

Voir ainsi disparaître un habitat d'un temps révolu pour Shanghai, celui de la fin du XIXe et du XXe siècle, de type villageois dans cette mégapole du futur, ce fut une douleur profonde pour les habitants. Surtout qu'après l'exposition universelle et la quasi disparition des pavillons y seront érigées les tours de nouveaux quartiers d'affaires

---

[16] Les chantiers navals Jiangnan où travaillaient 30 000 employés sont désormais sur l'île Changxin, à l'embouchure du Yangtzé.

et de services, avec un habitat de plus en plus internationalisé.

Aucune possibilité de rester pour les habitants natifs et y résidant depuis toujours. Un autre futur se construisait. Place aux assauts des destructeurs et aux constructeurs pour l'édification du site même de l'exposition universelle sur le thème « Meilleure ville, meilleure vie », pour une cité de demain plus « harmonieuse ». Ce thème s'appuie sur cinq sous-thèmes :
– la diversité culturelle et l'intégration sociale,
– la prospérité économique dans les villes,
– la rénovation technologique et environnementale des villes,
– la reconstruction pour une ville harmonieuse,
– la relation équitable entre la ville et les villages.

Cette transformation de l'habitat ancien pour accueillir après l'Exposition un ensemble de quartiers nouveaux de services et d'autres espaces résidentiels est symbolique des mutations engendrées par le processus d'urbanisation en cours au niveau mondial, notamment en Chine.

Sur le site de l'exposition Shanghai 2010 allaient s'écrire les nouveaux signes du monde urbain au XXIe siècle.

II

L'EXPO SHANGHAI 2010

Autour des identités nationales urbaines, un chemin tracé allant de l'accueil des nations au pays d'accueil – la Chine – pour atteindre l'universel – les Nations unies

Musée de l'urbanisme, Shanghai : maquette du site de l'exposition universelle de Shanghai 2010, photographie de l'auteur, juin 2010

4. Le nouvel enjeu des pays émergents : l'exception de la Chine

« *Et commençons tout de suite par ce phénomène macroéconomique intervenu entre le mois de juillet et la fin de l'été et qui demeurera pour longtemps dans les manuels d'histoire du futur, le dépassement du Japon essoufflé depuis belle lurette par une Chine à l'apogée de son optimisme comme seconde puissance économique de la planète.* »

Alexandre Adler, « 2010, année de la montée en puissance de la Chine », *Le Figaro*, 31 décembre 2010, p. 15

Depuis leur origine, les expositions universelles sont apparues comme des événements d'accueil et de parité des participants, quelle que soit leur dimension économique et sociale. Excepté pour le pays d'accueil, en l'occurrence la Chine avec l'exposition de Shanghai 2010, il n'y a pas de traitement de faveur.

On observe cependant que la plupart des grands États occidentaux ont été les principaux pays hôtes, sans que pour autant les plus petits en soient écartés. Bien au contraire.

Avec l'exposition universelle de Shanghai, la toute première en Chine, on assiste à une montée en puissance des pays émergents. Mais aucun autre n'a encore été l'organisateur d'un tel événement : ni l'Inde, ni le Brésil, ni la Russie, aucun pays africain, aucun pays sud-américain. Et pourtant, les positions économiques de ces pays ont considérablement évolué, comme peut l'attester le tableau ci-après présentant leurs produits intérieurs bruts respectifs.

Avec l'exposition de Shanghai – la plus grande de l'histoire – il sera difficile de « mieux faire sur le même modèle ». Mais il sera toujours possible de faire différemment, tout en préservant une capacité de résonance mondiale.

Produit intérieur brut (PIB) 2010

	Pays	(milliards de $)
1	États-Unis	14 624
2	**Chine**	5 745
3	Japon	5 390
4	Allemagne	3 303
5	France	2 555
6	Royaume-Uni	2 258
7	Italie	2 036
8	Brésil	2 023
9	Canada	1 563
10	Russie	1 476
11	Inde	1 430
12	Espagne	1 370
13	Australie	1 219
14	Mexique	1 040
15	Corée du Sud	986
16	Pays-Bas	770
17	Turquie	729
18	Indonésie	695

Source : *El País*, 7 octobre 2010, p. 20

Ainsi, après l'exposition de Shanghai, le chemin choisi par la ville de Milan pour l'exposition universelle de 2015 nous emmène vers la crise alimentaire dans le monde et vers l'urgente nécessité de nourrir la planète. Le thème retenu est « Nourrir la planète, énergie pour la vie » est lui aussi en prise avec les enjeux futurs de l'humanité. Ainsi se trouve défini le but principal de la prochaine Expo : « En effet, dans le contexte actuel d'une population mondiale qui augmente à toute vitesse et de la dégradation environnementale qui menace la source même de la vie de l'humanité, l'assurance de la qualité et de l'approvisionnement alimentaire pour tous représente une priorité internationale qui réclame une vision à long terme et des solutions durables de toutes les nations. Le but sera de favoriser les meilleures pratiques autour de ce thème et d'impulser un consensus mondial face à l'un des défis les plus urgents de notre époque. »[17]

[17] BIE, *Expo Milano 2015, présentation générale*, 8 décembre 2010

Thèmes des pavillons de ces pays

1	États-Unis	Embrasser les défis
2	Chine	Sagesse chinoise dans le développement urbain
3	Japon	Harmonie du cœur, harmonie de l'habi-lité
4	Allemagne	Une ville harmonieuse
5	France	La ville sensuelle
6	Royaume-Uni	Transmettre le classique pour construire le futur
7	Italie	La ville de l'homme
8	Brésil	Ville en mouvement, Brésil dynamique
9	Canada	La ville agréable à vivre : tolérance, durabilité, créativité
10	Russie	Nouvelle Russie : ville et homme
11	Inde	Ville harmonieuse
12	Espagne	Ville transmise de père en fils
13	Australie	Continent d'imagination
14	Mexique	La meilleure vie
15	Corée du Sud	Ville harmonieuse, vie multicolore
16	Pays-Bas	La rue joyeuse
17	Turquie	Berceau de la civilisation
18	Indonésie	Ville écodiversifiée

Comme dans les principales Expositions – ainsi à Shanghai avec le thème « Meilleure ville, meilleure vie » – chaque pays participant s'est identifié en y imprimant sa dimension culturelle et sociétale en relation avec ce thème. C'est dire, comme le montre le tableau des thèmes choisis par les grands pays, la diversité des expressions thématiques choisies, sur des chemins spécifiques et souvent convergents.

C'est dans la diversité culturelle et sociétale, dans des défis durables communs que s'imprime l'universalité de la vie urbaine. Une ère nouvelle serait en train de naître, qui atténuerait la portée du propos de Régis Debray sur les expositions universelles depuis leur origine : « L'optimisme des Lumières laisse la tragédie sur l'autre rive. Il doit mettre un fossé d'eau ou de verdure entre son phalanstère dépassionné et la fureur du monde tel qu'il va. Apolitique, adialectique, cet univers d'objets abstraits n'admet que l'homme opposé à la nature, à la matière, jamais à d'autres hommes. Son rêve, en chassant l'histoire de l'histoire elle-même, est d'aboutir à un mouvement régulier, sans frottements ni cahots. »[18]

Encore prégnante de l'esprit de Shanghai, surtout dans les pavillons nationaux, cette atmosphère

---

[18] Régis Debray, « Voyage au pays des expositions universelles. Entre Diderot et Disneyland », op. cit., 7 juin 1990

« apolitique, adialectique » laisse cependant ouverte la possibilité de représentations plus critiques et même chaotiques du monde urbain d'aujourd'hui et de demain.

5. Les identités nationales urbaines : un parcours singulier du 14 au 22 juin 2010

Le dôme du pavillon de l'Inde et, en arrière-plan, le pavillon de la Chine, photographie de l'auteur, 2010

Le 14 juin 2010 la température de 22°C est idéale. C'est le second jour de célébration de la fête des bateaux-dragons qui marque l'entrée dans les chaleurs de l'été.

La veille, sur le site de l'exposition universelle, en un seul jour 503 200 visiteurs ont été dénombrés. L'enthousiasme de ces visiteurs n'a pas été tempéré par la pluie. Les longues queues de plusieurs heures sont la norme devant la plupart des pavillons nationaux.

Pour le seul pavillon de Belgique-Union européenne, ce furent en un jour au moins 30 000 visiteurs, 5 000 de plus que la moyenne journalière. Devant les pavillons d'Allemagne, d'Espagne, de France et d'Italie notamment, les files d'attente étaient longues, de quatre heures en moyenne. Il fut cependant possible d'entrer dans la plupart des pavillons et de prendre le pouls de cette immense représentation des présences nationales et de parcourir le monde.

Impressions, coups de cœur, découvertes architecturales multiples et fortes disparités entre les présences nationales jusqu'à refléter les inégalités au niveau mondial, rejoignant ainsi les réalités du monde.

D'emblée, et c'est une tradition ancrée dans les expositions universelles, ce qui frappe le regard et l'imagination, c'est l'exhibition des identités nationales représentées par les pavillons des États nations. Chacun des États est identifié par un thème spécifique en référence au thème mobilisateur « Meilleure ville, meilleure vie » de l'exposition universelle.

Ainsi le tableau ci-après reprend-il les cartes d'identité thématiques des 27 États membres de l'Union européenne. C'est bien la diversité des identités urbaines présentées qui y prévaut ; elle prend notamment appui sur les valeurs de patrimoine historique, de préservation de l'environnement, de transmission et de recherche de l'harmonie urbaine.

Sans être exhaustif, ce parcours a été jalonné de rencontres avec des découvertes d'identités nationales multiples et fort différenciées. Après les pavillons européens, nous avons rejoint ceux des États-Unis et du Japon ; puis ceux de pays émergents (Brésil, Russie et Inde), avant de visiter l'immense pavillon d'Afrique et les deux pavillons collectifs d'Asie.

Nous nous sommes longuement arrêté dans l'espace d'exposition de la Chine et de ses provinces, environné de pavillons thématiques, comme ceux de la « planète urbaine » et du « futur ». Avant de conclure par le pavillon des Nations unies dans la zone principale de Pudong, sur la rive droite du Huangpu.

Thèmes des pavillons de l'Union européenne

Allemagne	Une ville harmonieuse
Autriche	Autriche : profiter pleinement de l'harmonie
Belgique-Union européenne	Mouvement et interaction-Intelligence de l'Europe intégrée
Bulgarie	Patrimoine et partage du patrimoine urbain
Chypre	Ville de l'interaction
Danemark	Ville de rêve
Espagne	Ville transmise de père en fils
Estonie	Villes d'économie
Finlande	Prospérité, intelligence et environnement
France	La ville sensuelle
Grèce	Polis : une ville vivante
Hongrie	Architecture urbaine et diversité culturelle
Irlande	Espace de la ville et évolution de la vie des citadins
Italie	La ville de l'homme
Lettonie	Ville en innovation technologique
Lituanie	Ville fleurie
Luxembourg	Petit mais beau
Malte	Malte, centre de vie et une civilisation de 8 000 ans
Pays-Bas	La rue joyeuse
Pologne	La Pologne qui sourit
Portugal	Portugal, une place face au monde

République tchèque	Fruits de la civilisation
Roumanie	Ville verte
Royaume-Uni	Transmettre le classique pour construire le futur
Slovaquie	Monde de l'être humain
Slovénie	Un livre ouvert
Suède	Lumière de la création

Les pavillons de l'Union européenne

D'abord dans les pavillons nationaux de l'Union européenne et avec quelques représentations nationales.

L'**Union européenne,** déjà présente à d'autres expositions universelles, a cette fois partagé son pavillon avec la Belgique. Le thème choisi a été celui de « L'intelligence de l'Europe intégrée ».

D'emblée mis en exergue, ce sont les paramètres géopolitiques de l'Union européenne :
– une population de 500 millions de citoyens,
– un même espace dynamisé par les libertés de travailler, de circuler, d'étudier, de vivre, d'acheter, etc.,
– le défi commun d'une Europe verte et intelligente, avec une recherche dynamique.

De nombreux événements culturels et thématiques se sont déroulés. Ce fut notamment un appel à découvrir une Europe intelligente, au moment où se déroulait, du 14 au 19 juin 2010, la semaine de la science et de la technologie « La science dans la ville » et de la coopération entre la Chine et l'Union européenne.

La force de l'Union européenne est dans son modèle social, socle de sa construction.

Particulièrement marquante fut la diversité des identités culturelles témoignées dans les principaux pavillons nationaux européens.

Ainsi, l'architecture en plusieurs volumes du pavillon de l'**Allemagne** exprime le thème de l'équilibre et de l'harmonie de la cité.

Son parcours intérieur est conçu comme une ville en mouvement, qui valorise notamment la révolution verte (les « guerilla gardners »), la « Fabrik » ou manufacture, la préservation de la mémoire, les effets du changement sur la culture, celui d'une société vieillissante. Étonnante est l'attention portée à la mémoire historique « du régime injuste du national-socialisme (1933-1945) encore aujourd'hui un des sujets les plus importants de l'art contemporain allemand ».

La coopération entre l'Allemagne et la Chine est valorisée, surtout depuis 2007, avec le rappel de la rencontre des présidents Hu Jintao et Horst Köhler.

Le pavillon de la **France,** avec son thème « La Ville sensuelle », a été un édifice de conception simple et raffinée, dans sa blancheur quadrillée et la verdure de son jardin vertical. Le chemin de sa découverte évoque les cinq sens : « Tout au long du parcours scénographique du Pavillon France, nous avons imaginé une sorte de féerie de lumières, de matières, de sons, d'odeurs et de saveurs, destinée à démontrer qu'il n'y a pas d'antinomie entre ce qui est pratique et ce qui est beau, entre ce qui est ancien et ce qui est moderne, entre la tradition et l'avenir. »[19]

C'est à un « parcours des sens » auquel furent conviées les longues files d'attente des visiteurs[20] dans un tourbillon d'images (en 3D) et d'atmosphères de vie quotidienne, accompagnés de sept chefs-d'œuvres du musée d'Orsay (Millet, Manet, Van Gogh, Gauguin, Cézanne, Bonnard, Rodin) et du tableau « Hommage à Monet » du peintre Zao Wou-Ki (1991), pont entre la France et la Chine, par la présence de nouvelles technologies de groupes industriels puissants (Lafarge, Sanofi-Aventis,

---

[19] José Frèches, « Bienvenue dans la ville romantique à la Française », *Amazing France Pavillon France* (magazine officiel du pavillon France durant l'Exposition), exposition universelle de Shanghai 2010, numéro unique, décembre 2009

[20] Avec 10,2 millions de visiteurs durant l'Exposition.

L'Oréal, Citroën, etc.) et de PME (le robot domestique de l'entreprise Aldebaran Robotics), jusqu'au grand luxe, notamment avec « l'extraordinaire voyage » de Louis Vuitton pour clore ce parcours initiatique, avant d'effectuer le parcours gastronomique « à la française » au sommet du pavillon.

Jusqu'aux résonances artistiques franco-chinoises illustrées dans le magazine officiel du pavillon France *Amazing France* de l'Expo 2010. Nous sommes là dans l'univers du luxe, du rêve, du sophistiqué. Un choix, celui de la culture et du raffinement.

Avec l'**Espagne**, nous avons été accueilli au rythme du flamenco, interpellé par son histoire complexe et forte, au croisement des identités liées à son « origine », à la « cité » et à l'« enfant » géant Miguel (automate articulé de 6,50 mètres de haut). Tout ceci repose sur la transmission entre générations et sur la volonté d'innover ; comme à l'image de la magnifique parure du pavillon constituée de 8 524 planches en liane de ses multiples façades ; comme née en Andalousie et offerte au futur de l'Espagne et à ses défis.

L'**Italie**, dont Milan a été appelée à accueillir la prochaine exposition universelle de 2015, verse dès l'entrée du pavillon dans la célébration du grand luxe, sous le regard d'un magnifique tableau de Georgio de Chirico.

La « cité de l'homme » est parée de ce qui, en particulier, compte en Italie : opéra, mode, Fellini, orchestre symphonique. Elle est animée par la main d'artisans d'art (luthiers, bijoutiers, concepteurs, etc.). L'heure est au plaisir du regard, à la joie de vivre. C'est un autre défi, « Nourrir la planète », qui animera l'Expo 2015 de Milan.

En rejoignant l'insularité **britannique**, nous entrons dans le surprenant pavillon élevé, tel une cathédrale, à la gloire des plantes et des 60 000 espèces des jardins botaniques royaux, dont le jardin de Kew dans la banlieue ouest de Londres ; symboles de la biodiversité et de leur préservation durable dans la cité verte du futur.

Les pavillons des États-Unis et du Japon

Que dire, dans cette matinée grise du vendredi 18 juin, du pavillon de la première puissance économique du monde, le pavillon des **États-Unis** ? À la mesure de l'attente, une certaine interrogation.

Le thème choisi « Embrasser les défis » mérite toute considération. Introduit par les portraits du président Barak Obama, du vice-président Jo Biden et de la secrétaire d'État Hillary Clinton, le pavillon a été réalisé avec le soutien de 40 contributeurs privés, industriels et financiers, et notamment les groupes Intel, AT&T, GE,

Microsoft, Dell, Deloitte, etc. Ils sont classés, selon l'importance de leur soutien « global », « premiers » et « partners ».

Le chemin de la visite traverse en fait trois salles d'animation multimédias dédiées à la promotion des grandes valeurs américaines sur la diversité sociale, l'innovation et le futur. Une machine à rêver, un habitat pour l'humanité et la communauté des nations, le défi de la préservation de l'environnement.

Des trois films de dix minutes chacun, celui sur la symbolique du jardin urbain détruit – un rêve brisé et reconstruit – est beau et annonciateur d'un monde à bâtir ensemble, tel un jardin. Il est encore temps.

Une attention est portée aux relations culturelles entre la Chine et les États-Unis.

Ces présentations sont à distance de la réalité des grands défis des grandes cités de demain.

Tel un « ver à soie » violet, le pavillon du **Japon** déploie, presque nonchalant, son architecture allongée dans sa rondeur.

Sa présentation est profondément ancrée dans la tradition culturelle du Japon. Son thème « Harmonie du cœur, harmonie de l'habilité » l'exprime ainsi.

Au commencement, une maison de thé et des cerisiers en fleurs et la chanson traditionnelle « Sakura » les célébrant. Le dieu du vent, de l'orage ; les oiseaux et les fleurs des quatre saisons ; un vieux prunier et un paysage sous la neige. Tradition, beauté et célébration du temps lent.

Basculement dans les réalités des temps modernes. Eau polluée et traitée en eau potable, réseaux d'énergie verte et systèmes d'émission zéro de CO_2, traitement des déchets.

Et puis vient la célébration du robot domestique dans une société marquée par le vieillissement. Autour de l'ibis huppé, nous retrouvons l'atmosphère du théâtre Nô et la présence d'une petite fille chantant, si désarmante de candeur, « La fontaine de la vie n'est visible qu'aux yeux de l'enfant » et, du passé au futur, de ville en ville : « La fontaine de vie apporte la puissance de l'amour ».

La beauté d'une grande culture est bien au rendez-vous de cette grande Exposition.

Des pavillons de pays émergents, Brésil, Russie, Inde

« La ville en mouvement, le Brésil dynamique **».** Avec le pavillon du **Brésil**, nous sommes en fête et dans la célébration musicale de la samba et de la bossa-nova : « La musique est l'architecture du temps et l'architecture de la musique est l'espace » (Mário Quintana 1906-1994).

Un pavillon, presque aux couleurs nationales, construit en bois et verdoyant. Caisse de résonance d'un cube à écran numérique, de la cité brésilienne fervente, passionnée de vie. Au rythme de la danse et du football, jusqu'à la célébration de l'hymne national dans ses premières mesures.

Ce pavillon a été érigé avec le soutien principal du groupe brésilien Vale, grand producteur de nickel.

À l'entrée du pavillon de la **Russie**, nous prenons connaissance du nom de son sponsor officiel « *Vnesheconombank* », la banque de développement et des affaires économiques extérieures de l'État russe.

Ce sont des appels à une cité meilleure et en particulier à la culture (en référence au musée de l'Hermitage de Saint-Pétersbourg et à sa galerie des impressionnistes et de Picasso).

Et nous entrons dans le monde enchanté des technologies du futur, pour une cité meilleure vue à travers les yeux des enfants du monde. C'est un voyage initiatique de l'enfant Dunno et de ses amis, dans un univers artificiel, le « Nanoink ». C'est un parcours imaginé et reposant sur les technologies de communication du futur, pour un monde conçu avec le regard des enfants, fait d'interfaces, de peau artificielle, de simulateurs, d'écrans à touches multiples. Un jardin artificiel magnifique. Afin de construire la cité des générations futures.

Le pavillon est un « château de fleurs » dont les douze tours sont des pétales ; leurs éléments décoratifs représentent les ethnies de la grande Russie.

Le modeste et beau pavillon de l'**Inde** est l'expression d'une « Ville harmonieuse ». Coiffée d'un dôme, sa structure est en bambou[21]. L'eau ruisselle sur les murs de verdure de la cité verte. À proximité de l'entrée, les portraits des pères et mères de la nation indienne, dont ceux du Mahatma Gandhi, du Pandit Nehru et de Mère Teresa.

Les messages et appels sont orientés vers la réalisation de la cité du futur, avec le soutien de la recherche scientifique et la planification urbaine.

L'Inde, la « Nation pensante », c'est l'étude de la cité de Lothal, de la cité utopique d'Auroville, à proximité de Pondichéry, conçue par Sri Aurobindo (Calcutta 1872–Pondichéry 1950), cités qui sont des contributions exemplaires à la conception de la cité du futur, à la planification urbaine.

C'est aussi l'Inde de la société de la connaissance, qui depuis longtemps a mis en pratique le

---

[21] La partie principale du pavillon indien a consisté en un dôme de bambou fabriqué dans le district d'Anji, dans la province orientale du Zhejiang. Selon la présidente de l'Inde Pratibha Patil, ce dôme permet de combiner culture et technologie indiennes tout en étant un parfait exemple de la coopération entre l'Inde et la Chine, (source : Agence de presse Xinhua, 31 mai 2010).

lien entre la science et la technologie. Tel le mathématicien Aryabhatta (476-550), qui a offert au monde le concept du chiffre « zéro ».

C'est encore la célébration de la gouvernance démocratique et, avec le « Bharat Nirman », d'un plan pour le développement des infrastructures rurales.

Avec l'art et la culture (notamment pour la danse), ce sont les ambassadeurs de l'harmonie, de l'unité dans la diversité.

Le pavillon de l'Inde a été dans sa conception simple et harmonieux, au diapason de la paix dans la cité.

Le pavillon de l'Afrique

Le pavillon de l'**Afrique**, le plus grand pavillon conjoint de l'Exposition 2010, a abrité les expositions de 42 États africains. La Chine a manifesté à leur égard une attitude d'accueil et de coopération forte, comme à l'égard d'autres États d'Asie et d'Amérique du Sud, attitude qu'il convient de saluer : « L'espace d'exposition dans le pavillon conjoint a été construit par l'organisateur et gratuitement fourni aux pays en développement. En principe, l'organisateur ne leur offre gratuitement qu'une unité d'exposition, soit un espace couvert de 324 m². Mais, dans des cas particuliers, chaque pays en développement peut utiliser gratuitement deux unités au maximum, soit un espace d'exposition couvert de 648 m². »[22]

La majorité des pays africains (anglophones, francophones, lusophones) a ainsi partagé cet immense pavillon sous les auspices de l'**Union africaine** (UA). Basée à Addis-Abeba, la Commission de l'Union africaine a célébré le thème « Les énergies propres pèsent fort sur la gestion urbaine de l'Afrique » et a valorisé deux axes d'action :
– celui de la connaissance et de la paix (portraits des 12 prix Nobel pour l'Afrique, dont quatre de la paix et cinq de littérature),
– un plan stratégique pour les mégacités (2009-2012) reposant sur les énergies propres et leur utilisation croissante.

Au centre du pavillon de l'Afrique a été érigé un plateau d'animation de la culture africaine, autour de la danse et de la musique traditionnelle et moderne.

De nombreuses expositions nationales ont mis l'accent sur l'accueil, l'artisanat local et les expressions culturelles, et en particulier la musique.

Avec Le **Burundi**, c'est « La coexistence de l'homme et de la nature » au cœur de l'Afrique, pour un pays agricole à 94 %.

---

[22] *Aperçu sur l'Expo 2010 Shanghai Chine*, op. cit., p. 77

Le **Mozambique**, avec « La prospérité régionale, la belle vie », expose des photos du président Guebuza avec le président chinois Hu Jintao autour de quatre espaces (une école, une maison traditionnelle, une construction moderne, un hôpital).

La **Somalie** évoque notamment des relations anciennes avec la Chine (au XIVe siècle, la célèbre flotte de l'amiral Zheng).

L'État de l'**Érytrée**, avec « Philosophie et développement de l'urbanisation d'Érytrée », évoque de son côté les découvertes archéologiques de l'Homo erectus. Sont mis aussi en relief les services sociaux de base (éducation, transport public, réserves d'eau de la cité d'Asmara, santé, téléphonie mobile « Eritel », Internet).

La République du **Soudan**, avec « La ville et la paix », valorise à l'entrée le barrage de Merowe, le Nil, la Reine de Nubie, les mosquées et Khartoum.

La **Mauritanie,** avec « Paradoxe entre villes anciennes et villes modernes en Mauritanie », privilégie l'importance du rôle du Sahara qui représente 80 % du territoire et de sa capitale Nouakshott, avec un million d'habitants. Est souligné, dans le cadre de sa stratégie nationale de lutte contre la pauvreté, l'approvisionnement en eau potable des populations à partir du fleuve Sénégal dès juillet 2010 (coût estimé à 451 millions de dollars).

Le **Sénégal**, par le thème « Développement des infrastructures, catalyseur de développement durable et harmonieux », mise sur des projets majeurs d'infrastructure, dont le port autonome de Dakar avec une nouvelle plate-forme logistique de 40 000 m^2 d'entrepôts couverts et 750 places de parking pour les camions. En outre sont évoquées l'île de Gorée (la Maison des Esclaves) et la Mosquée de Touba. De la rencontre entre les présidents Hu Jintao et Abdoulaye Wade est né le projet du « Grand théâtre » de Dakar, symbole de la coopération entre la Chine et le Sénégal.

D'autres pavillons nationaux auraient pu être cités et décrits. Ils ont tous une identité commune, un lien avec l'expression multiethnique et culturelle, la paix durable. L'accent est mis sur la question de l'urbanisation qui s'accroît.

Dans l'ensemble, une distance subsiste avec la réalité sociale difficile et souvent cahotique des cités africaines.

Face à ce pavillon conjoint, il y a le pavillon du **Nigéria**, soutenant le thème « Nos villes, harmonieuses mais différentes ». C'est le pays le plus peuplé d'Afrique (plus de 140 millions d'habitants en 2006 sur 923 770 km^2). Notamment avec Lagos, une des deux principales mégapoles africaines avec Le Caire.

Les messages adressés sont ceux d'un « pays phare de civilisation, d'un pays de beauté et d'opportunités ». Parmi ces dernières, outre le pétrole, des zones de libre-échange. Et pourtant, les réalités sociétales sont dures et la pauvreté dans les cités comme celle de Lagos souvent extrême.

Autres pavillons nationaux, notamment en Asie

Dans le pavillon collectif de l'**Asie I**, qui réunit six expositions nationales, il y a le pavillon du **Bangladesh**, qui attire l'attention par sa simplicité et sa modestie.

Avec 150 millions d'habitants, le Bangladesh est au 7e rang mondial en termes de population, avec une superficie très réduite de 142 000 km^2. Dans son pavillon, les moyens de présentation sont sommaires et réduits à :
– la valorisation des symboles d'une nation indépendante depuis 1971 (drapeau, mausolée national, parlement national et portrait du président fondateur Mujibur Rahman, père de la nation),
– la mise en valeur touristique (plage de Cox's Bazar, la plus longue au monde, etc.),
– la référence à la recherche scientifique et au monde numérique du Bangladesh « Vision 2021 ».

Le pavillon du **Pakistan** s'est trouvé à proximité du pavillon central de la Chine. Son architecture reproduit le château de Lahore du XVIe

siècle. Surtout, il introduit l'ancienne grande civilisation de la vallée de l'Indus, si touchée par les inondations en 2010.

Le Pakistan moderne est représenté par de hautes tours à Islamabad (« Centaurus Towers »), à Lahore (« Financial Towers »), à Karachi (« KPT Towers »), et par les tours incorporant les technologies de l'information (« IT Towers »).

La « route de la soie » contemporaine est représentée par l'amitié entre la Chine et le Pakistan et symbolisée par le sommet commun du Chogo Ri – ou K2 – (8 611 mètres d'altitude) qui marque la frontière entre le Pakistan et la province chinoise du Yingjiang.

La contribution pakistanaise à la paix dans le monde est célébrée, par la référence à son aide en 2008 dans le domaine de la santé au Bangladesh. Cette attention est louable, quand on sait que le Bangladesh gagna son indépendance en 1971 contre le Pakistan.

Dans cette zone, à proximité du pavillon du Pakistan, on observe aussi la présence de celui d'**Israël**.

À l'entrée, un grand portrait d'Einstein accueille les visiteurs. Le « problème de l'énergie - évoqué par l'équation $e = mc^2$ – est le problème le plus urgent de notre temps ».

Le souvenir de la présence des réfugiés juifs à Shanghai, dans le quartier de Hongkou, est souligné avec émotion. Comparée à la nation chinoise, la nation israélienne, avec ses 7,4 millions d'habitants, y apparaît bien petite.

C'est le poids de l'innovation qui y est fortement souligné. C'est le double enjeu de l'eau et de l'irrigation des cultures, notamment dans les zones désertiques. « Toutes les choses que vous voyez dans ce pavillon ont été créées en Israël. »

Enfin, dans le pavillon conjoint de **l'Asie II**, le pavillon de l'**Irak** fut ouvert le 1er juin 2010, faisant de l'Irak le dernier pays à rejoindre l'Exposition et devenant le 189e pays participant.

Il importait que « le » pays de l'ancienne civilisation de la Mésopotamie y fût présent. Terre de la première écriture cunéiforme, de la grande cité de Babylone et de ses jardins suspendus ainsi que de la célèbre tour de Babel. Mythe fondateur de la cité des hommes. Sa présence a ainsi enrichi cette exposition universelle centrée sur la ville et son futur. Malgré le temps d'une guerre et la nécessité présente de sa reconstruction.

6. Le pavillon de la Chine, pyramide inversée, et les pavillons thématiques

« *J'avais un principe, c'est que, de loin et dès le premier coup d'œil, cette construction puisse être reconnue comme chinoise.* »

He Jingtang, responsable de la conception du pavillon de la Chine

Le pavillon de la Chine

Le pavillon symbole de l'exposition universelle de Shanghai est celui de la Chine : une pyramide inversée aux couleurs impériales ocre et jaune. Haut de 69 mètres et occupant une superficie totale de 6 hectares, le pavillon national baptisé « couronne impériale » annonce l'esprit et le tempérament de la culture chinoise. Il signifie à la fois « la Chine prospère », « le grenier du monde » et « un peuple riche ». Son architecture est en lien avec l'expression philosophique traditionnelle de la relation entre le ciel – la couronne impériale – et la terre.

Le pavillon national prend appui sur le thème de la « Cité harmonieuse » en référence notamment à Confucius, à la « sagesse chinoise dans le développement urbain », traduite par les quatre éléments suivants :
– la perfection par d'inlassables efforts,
– la tolérance à toute épreuve,
– l'apprentissage par la nature,
– l'harmonie par la différence.

Selon Confucius, « l'homme vertueux aspire à l'harmonie dans la différence, alors que l'homme vil provoque la différence même en cas d'harmonie ».

À l'étage supérieur du pavillon, un immense mur numérique a reconstitué la vie citadine en

Chine au XIIe siècle[23]. C'est une magnifique représentation animée du temps passé et déjà de la richesse des cités chinoises. À proximité, un trésor national de la Chine antique, des attelages de chevaux et des chars en bronze de la dynastie des Qin.

Dans les étages inférieurs – de la base vers le sommet – sont représentés un chemin possible vers une vie belle, l'émergence d'une cité chinoise nouvelle. Après 1949 et depuis 1978 après Mao. Puis Shanghai à partir de 1983 jusqu'à 2004.

Chemin de sagesse et accomplissement du passé au présent et dans le futur. Pour les visiteurs, avec l'art et le patrimoine et la construction urbaine contemporaine.

Quatre mots-clés ont été mis en relief : fan (paradigme), da (accès), gong (tectonique), yi (poétique), qui englobent et résument la forme et l'âme de la vie urbaine chinoise.

C'est bien le terrain de l'émotion, du « vivre sous le même toit », de la nouvelle frontière à conquérir ensemble. Idéologie et réalité de la Chine contemporaine sur la voie urbaine, prête à relever

---

[23] Inspirée de la célèbre peinture « *Sur les rives de la rivière Bianhe, le jour du Quigming, le jour de la Pure Clarté* », chef d'œuvre du patrimoine chinois sur un rouleau de 5 m de long sur 25 cm de large, peint au XIIe siècle par Zhang Zeduan et retraçant la vie quotidienne sous la dynastie Song.

le défi du changement climatique, de la ville verte, à faible émission de CO_2.

Construit à la base du pavillon de la Chine, le pavillon collectif des 31 provinces, régions autonomes et municipalités (dont Shanghai) a accentué la présence prédominante de la Chine au cœur du site de l'exposition universelle, sur une superficie totale de 16 hectares. De la puissance de la Chine au service de son exposition universelle et de toutes les régions chinoises. C'est un événement global par l'engagement local de toutes les populations chinoises. Un des événements témoins fut la semaine de la culture de la province du Zhejiang avec musiques, chants, danses, expositions, cérémonies de thé autour du thème « Ville et campagne de bonheur, foyer de beauté », du 18 au 22 juin 2010.

Les cinq pavillons thématiques

Situés dans les deux zones de Pudong et Puxi du site de l'Expo, les cinq pavillons thématiques ont été conçus par la Chine et devraient perdurer après l'Exposition. Ils sont dédiés au thème même « Meilleure ville, meilleure vie » autour de cinq axes identitaires : le citadin, la cité, la planète urbaine, l'empreinte urbaine du passé, le futur et l'utopie.

Immense célébration du monde urbain, avec les outils de communication les plus sophistiqués, les musiques et les résonances les plus diverses.

Ainsi sur Pudong (rive droite du Huangpu) c'est un immense hall, digne des plus grands palais d'exposition du passé, qui abrite les pavillons du citadin (être urbain), de la ville et de la planète urbaine.

Les pavillons de l'être urbain et de la ville

À l'entrée, plusieurs apostrophes sont projetées sur un mur numérique :
– « La ville est un organisme qui possède ses vaisseaux sanguins et déborde de vitalité »
– « La vitalité de la ville repose sur son métabolisme et son esprit de l'époque »
– « Le rapprochement par affinité de l'homme avec la ville apportera une harmonie. La bonne santé de la ville dépend de notre entretien rationnel en commun ».

La ville est associée au corps humain, une métaphore qui peut étonner, à la fois par sa simplicité et par sa complexité. Comme les sous-thèmes qui portent à l'enrichir :
– D'abord les transports, en tant que systèmes de circulation qui expérimentent le métabolisme de la cité (en référence aux générations de trains, aux TGV).

– Ensuite les métropoles d'aujourd'hui avec leurs « plazas » découvrant « l'âme de la cité » ; chacune possède son âme et son esprit. L'âme de la cité repose sur son patrimoine culturel et sur son environnement ; ainsi dans son rapport avec le monde, l'expression de clichés culturels (l'Argentine avec le tango, l'Afrique par la danse, etc.).
– Enfin la bibliothèque de la ville, qui est en quelque sorte sa mémoire. Les citadins sont interdépendants, voisins, vivent les uns à côté des autres. Le bien-être dans la cité dépend de l'attention de chacun. Il s'agit de préserver ensemble la bonne santé de la ville.

Nous sommes sur la scène du théâtre urbain chinois, écrit et conçu par les organisateurs de l'Exposition.

Immense vaisseau à proximité de la « pyramide inversée » aux couleurs impériales.

Le pavillon de la planète urbaine

C'est le pavillon de la planète bleue.

Sa vision est d'emblée planétaire, celle de l'urbanisation, processus né en Europe au XVIIIe siècle avec l'industrialisation et gagnant tous les continents. Les villes européennes ont connu un essor soudain. C'est au XIXe siècle que la mobilité croissante des populations entraîna l'expansion des villes. Au début du XXIe siècle, les mégapoles tropicales d'Afrique, d'Amérique du Sud et d'Asie continuent de croître, comptant souvent plus de 20 millions d'habitants.

Dans ce cadre urbain en explosion démographique, que pensent les enfants du monde de la cité et comment imaginent-ils la cité de leur rêve ?

Un enfant de 9 ans en Australie	« *Il n'y a pas de voitures* »
8 ans à New York	« *Tout le monde fait du vélo* »
6 ans au Japon	« *Il y a beaucoup d'espace* »
10 ans à Joannesbourg	« *Je veux aller à l'école à pied* »
9 ans à New Delhi	« *Les rues sont ordonnées et propres* »
4 ans en Chine	« *Il y a beaucoup d'endroits avec des insectes* »
5 ans au Caire	« *Ça sent très bon* »
7 ans à Londres	« *Il n'y a pas d'embouteillages* »
5 ans à Mexico	« *C'est rempli d'arbres* »
4 ans en Allemagne	« *Beaucoup d'espace pour les animaux* »
12 ans à Shanghai	« *Il n'y a pas de voitures mais partout des forêts vertes* »

En phase avec les réalités des métropoles d'aujourd'hui est appréhendée **la route des crises**, dont celles de l'eau, des déchets, de la soif.

Les réserves globales d'eau dans le monde s'élèvent à 1,4 milliard de km³, dont 97,5 % d'eau salée et seulement 2,5 % d'eau douce.

La consommation quotidienne d'eau par tête (en litres) est très inégale suivant les régions du monde : 10 à 15 au Sahel, 89 en Chine, 151 en France, 280 en Israël, 500 dans la fédération des Émirats Arabes Unis (EAU).

Constatons la diminution des ressources d'eau partout dans le monde : baisse de l'épaisseur de la couverture neigeuse sur les sommets de l'Himalaya, du Kilimanjaro, recul des glaciers des Alpes, assèchement de la Mer d'Aral, etc.

Observons l'explosion du parc mondial des automobiles : pas plus de 25 000 unités au début du XXe siècle et 1 milliard d'unités en 2010.

Dénonçons les inégalités sur la carte des émissions de carbone et le recul de la biodiversité (nombreuses espèces éteintes au cours des 50 dernières années, et de nombreuses autres menacées).

La croissance exponentielle de la population urbaine engendre des dégâts massifs des écosystèmes.

Quelle est la route des solutions ?

Le changement climatique est présenté comme l'enjeu économique et politique majeur du XXIe siècle. La planète bleue est notre habitat. Nous n'avons qu'un monde, juste un monde.

Dans ce contexte, trois défis du futur sont à relever : le recyclage des matières premières, la gestion durable de l'eau et la ville verte.

Le pavillon des empreintes urbaines du passé

Sur le site de Puxi (rive gauche du Huangpu) s'est trouvé le pavillon des empreintes urbaines du passé, dont le thème est celui des « Traces historiques de l'interaction entre l'homme, la ville et l'environnement dans l'évolution de la ville, depuis son origine jusqu'à sa modernisation ».

Longtemps dans le passé, les conceptions orientales et occidentales de la ville ont communiqué, notamment par la route de la soie.

Des origines, liées à Babylone et au mythe de la tour de Babel, au passage du premier millénaire à Cordoue, à l'époque de la Renaissance, jusqu'à celle de la révolution industrielle au XIXe siècle, elles ont tour à tour modelé et transformé les modes de vie urbains en Occident et dans le monde, pour le meilleur et parfois pour le pire.

Le pavillon du futur

Rêves d'hier. Des utopies d'hier sont nées des réalités d'aujourd'hui.

Ainsi pensons à la Chine avec le Feng Shui, art millénaire dont le but est d'harmoniser l'énergie environnementale d'un lieu de manière à favoriser le bien-être de ses habitants. Les Chinois y font toujours référence dans la conception des villes.

En Inde, on se réfère à Sri Aurobindo (1872-1950) et à la communauté d'Auroville près de Pondichéry, où se développent de nouveaux concepts urbains, une architecture novatrice. Auroville est soutenue par l'Unesco.

En Europe, citons Thomas More (1478-1535) et son essai « Utopia », Charles Fourier (1772-1837) et sa « Phalanstère », Le Corbusier (1887-1965), inventeur de « l'unité d'habitation ». Avec Le Corbusier, Oscar Niemeyer (né en 1907) a contribué à la réalisation du siège de l'ONU à New York en 1952, puis à la création de la nouvelle capitale administrative du Brésil, Brasilia, inaugurée le 21 avril 1960.

Brasilia, Chandigar, Shanghai, etc. Les cités utopiques deviennent les cités d'aujourd'hui et de demain.

Les fruits de l'utopie associent la croissance harmonieuse et les réseaux de développement durable aux enjeux considérables pour le futur. À une échelle et avec une densité de population contrôlée, pour une vie meilleure dans une ville meilleure.

Les enjeux humains sont immenses. En Chine, ce sont 18 millions de personnes qui émigrent chaque année des campagnes vers les villes. Dans le monde, à l'horizon 2030, 5 milliards de personnes habiteront les villes. Le processus de concentration urbaine ne peut être arrêté. Deux types de cités se développent, compactes à haute densité urbaine (20 000 habitants au km^2) et les cités étendues et tentaculaires (1 000 habitants au km^2). Ce sont des dynamiques de croissance différentes, toutes deux possibles et probables.

Afin d'imaginer les cités du futur, quelles pourraient être leurs écritures possibles, sachant que les espaces urbains devront absorber la croissance démographique durant les quatre prochaines décennies ?

Ce sont des cités écologiques, des cités d'eau, des cités de la connaissance et intelligentes, des cités à l'énergie maîtrisée, des cités-espace, pour une vie de qualité, saine, dans un environnement équilibré.

Les rêves d'un futur meilleur deviendront-ils des réalités de demain ? C'est un avenir qu'il nous appartient de construire ensemble.

7. De l'universalité avec les Nations unies

« *L'Expo de Shanghai – de même que notre pavillon des Nations unies – a adressé un message fort à la planète.*

Ce message est le suivant : en partageant nos savoir-faire, nos cultures et notre désir d'un monde meilleur, nous sommes tous gagnants et nous pouvons tous réussir. »

Ban Ki-moon, discours tenu durant le Forum du sommet, Shanghai, 31 octobre 2010

Dès l'entrée du pavillon, le secrétaire général Ban Ki-moon a adressé à ses visiteurs le message suivant :

« L'ONU est votre organisation. Elle représente la liberté, la dignité et les droits de l'homme. Elle agit pour la paix, la justice et de meilleures conditions de vie. Dans notre monde globalisé, la coopération globale est indispensable. L'ONU représente les espoirs de tous, mais elle a besoin de l'engagement de tous pour écarter les menaces communes et saisir les chances communes ».

Sous le thème « Même terre, même ONU » ont été réunies l'ensemble des institutions œuvrant sous son égide et parmi elles la FAO, l'OMS, l'ONU-Habitat, l'Unesco.

Définis en 2000, les huit Objectifs du Millénaire pour le développement (OMD) ont été valorisés au centre du pavillon, à savoir d'ici 2015 :

– réduire de moitié l'extrême pauvreté et la faim,
– assurer une éducation primaire universelle,
– promouvoir l'égalité des sexes et l'amélioration du sort des femmes,
– réduire la mortalité infantile (de deux tiers celle des enfants de moins de cinq ans),
– améliorer la santé des mères (réduire de trois quarts le taux de mortalité maternelle),
– combattre la propagation du sida et autres maladies de la pauvreté (paludisme, tuberculose),
– assurer la préservation de l'environnement,

– mettre en place un partenariat pour le développement.

Ils représentent d'immenses espoirs, qui ont relancé la solidarité internationale. Malgré un constat d'échec relatif, l'Assemblée des Nations unies a confirmé lors de son sommet du 20 au 22 septembre 2010 ces objectifs et a gardé le cap pour leur réalisation en 2015.

C'est la célébration de la créativité qui est universelle : tous les pays en sont capables dans le but de promouvoir des cités plus vivables et des conditions de vie meilleures pour tous.

C'est l'association des trois thèmes porteurs d'avenir « créativité, culture, technologie » que, à l'instigation des Nations unies, il convient de favoriser en tant que ressource durable.

Une terre, une Organisation des Nations unies.

Annexe au chapitre 7

Extraits du discours du secrétaire général des Nations unies Ban Ki-moon durant le Forum du sommet[24] :

« Le message a été entendu.

Depuis le mois de mai, à travers le monde, on parle de cet événement remarquable, voire historique.

Le monde entier a entendu parler des nouvelles technologies incroyables, des célébrations culturelles riches et des spectacles grandioses donnés par des danseurs, des chanteurs et des acteurs sur les scènes de ces magnifiques et splendides pavillons.

Les visiteurs sont donc venus ici, à Shanghai, des quatre coins du globe. Ils sont venus, plus de 70 millions de personnes de douzaines de pays, pour voir de leurs propres yeux. Et ils n'ont pas été déçus. Bien au contraire, ils ont été impressionnés et inspirés.

Le gouvernement chinois, la ville de Shanghai et le Bureau International des Expositions méritent les plus hautes félicitations.

Sur cette grande place internationale, ils ont rassemblé les nations, célébré la diversité globale et inspiré le monde entier à travers des prouesses architecturales, des expositions intellectuellement

[24] Ban Ki-moon, *discours tenu durant le Forum du sommet, Shanghai*, 31 octobre 2010

riches ainsi qu’une imposante mosaïque multiculturelle de visiteurs.

Grâce à cette Expo, Shanghai a acquis sa place parmi les villes les plus cosmopolites au monde. En même temps, la ville a mené à bien une transformation qui a nécessité de nombreuses années.

Gardons-le en mémoire : il s’agit de la première Expo universelle organisée par une ville d’un pays en voie de développement.

Et saluons le thème inventif et futuriste imaginé par nos hôtes, « Meilleure ville, meilleure vie ». Ce thème ne pourrait être plus à propos.

Nous vivons après tout dans un siècle de plus en plus urbain. Aujourd’hui, plus de la moitié de la population mondiale habite dans les villes, et cette proportion continuera de croître.

À travers cette Expo, des millions de personnes ont découvert des solutions permettant de rendre nos villes plus saines et plus sûres. Des villes qui combinent plus adroitement nature et technologie. Des villes qui offrent à leurs habitants un air et une eau plus purs et, de façon générale, une vie meilleure. En d’autres termes, cette Expo est porteuse d’espoir. Un espoir face aux défis de l’ère d’urbanisation dans laquelle nous vivons.

Nous savons tous que les villes d’aujourd’hui subissent d’énormes pressions.

Un nombre croissant de personnes délaisse les campagnes pour les villes. Ces dernières ont de plus en plus de mal à faire face à cet afflux de population. Des milliards de personnes vivent dans des conditions dangereuses, piégées dans les ghet-tos d'où aucune issue n'est possible et sans accès aux commodités les plus basiques, comme l'eau potable, les sanitaires et un abri digne de ce nom.

Les villes sont également une source majeure d'émissions de gaz à effet de serre.

De plus, celles qui se situent près des côtes sont confrontées à la monté du niveau des mers liées au changement climatique.

Malgré tout cela, les villes conservent leur fort pouvoir d'attraction. Elles sont source d'emplois et d'opportunités économiques. Elles tirent le commerce et l'innovation. Les gens s'y rassemblent dans l'espoir d'une vie meilleure.

L'Expo de Shanghai nous a offert des idées inestimables pour affronter ces défis. Nous y avons vu des méthodes de construction innovantes ainsi que de nouvelles façons d'utiliser les ressources naturelles.

Nous avons redécouvert les solutions offertes aux architectes et aux constructeurs pour réduire la consommation en énergie et en eau.

Nous sommes davantage conscients de l'importance des systèmes de transport public.

Et nous comprenons qu'une attention particulière doit être portée aux problèmes uniques des bidonvilles de la planète (…). »

III

DE NOUVEAUX DÉFIS URBAINS DANS LE MONDE

La mobilisation pour un futur urbain durable et solide

8. La mobilisation urbaine autour de Shanghai, avec la science, l'innovation technologique et industrielle

Autour de Shanghai dans les cités de Ningho, Suzhou, Wuxi, Nankin, Shaoxing et Hangzhou

Organisés à l'initiative principale des ministères centraux de la Chine avec l'appui notable de l'ONU et des organismes en charge de l'habitat et du patrimoine culturel, les six forums thématiques ont réuni de nombreux experts internationaux et chinois pendant l'Exposition. « Pour élargir l'influence de l'Expo 2010 au delta du fleuve Yangtzé »[25], c'est autour de Shanghai que se sont tenus ces forums, dans les principales cités composant son hinterland, à savoir Ningbo, Suzhou, Wuxi, Nankin, Shaoxing et Hangzhou.

Ces six rassemblements ont été organisés dans le but principal de préparer et de « nourrir », en conclusion des 184 jours qu'a duré l'Exposition, la Déclaration de Shanghai au cours du sommet de l'Expo qui s'est tenu le 31 octobre 2010. Point d'orgue de l'Expo 2010 « Meilleure ville, meilleure vie ».

Des scientifiques, dont de nombreux prix Nobel, des représentants d'institutions internationales, des entrepreneurs, ont animé ces différents forums thématiques devant une large audience chinoise et internationale.

Comme le montre le tableau ci-après, récapitulatif des principaux forums, les thèmes traités portent tous sur des enjeux de société qui appar-

---

[25] *Aperçu sur l'Expo 2010 Shanghai Chine*, op. cit., p. 90

tiennent au développement durable et harmonieux des villes au XXI e siècle.

Cités d'accueil	Co-organisateurs	Thèmes	dates
1. Ningbo	– Ministère de l'Industrie et des Technologies de l'information – Union internationale des télécoms de Chine (ITU) – Comité exécutif de l'Expo 2010 – Gouvernement municipal de Ningbo	Technologies de l'information et de communication et développement urbain	15 mai-18 mai 2010
2. Suzhou	– Ministère de la culture – Administration du patrimoine culturel – Comité exécutif de l'Expo 2010 – Unesco – Gouvernement municipal de Suzhou	Patrimoine culturel et régénération urbaine	12 juin-15 juin 2010
3. Wuxi	– Ministère de la Science et de la Technologie – Comité exécutif de l'Expo 2010 – Conférence des Nations unies pour le commerce et le développement .(UNCTAB) – Gouvernement municipal de Wuxi	Science et innovation technologique et futur urbain	20 juin-23 juin 2010

Cités d'accueil	Co-organisateurs	Thèmes	dates
4. Nankin	– Ministère de la Protection de l'environnement – Administration météorologique – Administration pour l'énergie – Programme environnement de l'ONU – Comité exécutif de l'Expo 2010 – Gouvernement municipal de Nankin	Vers la ville à faible émission de CO_2. Protection de l'environnement et responsabilités urbaines	3 juillet-6 juillet 2010
5. Shaoxing	– Commission de la réforme et du développement national – Comité exécutif de l'Expo 2010 – Banque mondiale – Gouvernement municipal de Shaoxing	Transformations économiques et relations rurales/urbaines	9 septembre-12 septembre 2010
6. Hangzhou	– Ministère de l'Habitat et du Développement urbain/rural – Comité exécutif de l'Expo 2010 – ONU-Habitat – Gouvernement municipal de Hangzhou	Cité harmonieuse et vie « vivable »	– 4 octobre-7 octobre 2010

C'est globalement la célébration du progrès technique et social dans les villes, de plus en plus en proie à des formes nouvelles de déconstruction.

Le forum de **Ningbo** fait du développement des technologies de l'information et de la communication (TIC) une priorité pour les cités du futur et de leur modernisation.

Management urbain, vie urbaine, éducation, activités industrielles et sociales appartiennent à cette mutation des TIC. Combattre les risques de fracture numérique à tous les niveaux sociétaux.

C'est à **Suzhou**, dans la « Venise de Chine » et aux jardins de pierre incomparables, que le thème de la préservation du patrimoine culturel, de la diversité des cultures et de la revitalisation du tissu urbain a été célébré. L'émergence dans ce cadre du concept d' « Éco-cité » est une nouvelle dimension qui vient s'ajouter à ces défis. Toutes ces voies doivent être explorées, notamment en Chine, où elles ne furent pas, loin s'en faut, respectées au cours de la seconde moitié du XXe siècle.

Le forum de **Wuxi** fut l'occasion d'analyser le rôle moteur de la science et de l'innovation technologique dans le développement urbain et surtout de leur caractère multifonctionnel, tous les domaines étant de près ou de loin concernés (éducation, santé, transport, industrie, qualité de la vie). Pour les cités des pays en développement, ce sont des facteurs-clés du développement économique et social.

À **Nankin**, c'est la protection et la gouvernance de l'environnement qui ont prévalu. Il y a tout à faire et à entreprendre dans les cités pour juguler les formes nombreuses de pollution (air, eau, habitat, etc). La cité à émission réduite de CO_2 est devenue un objectif majeur de ce siècle. Tout doit être tenté pour construire des systèmes de transport durables. Toutes les activités urbaines, toutes les formes d'infrastructures font partie du défi environnemental.

À **Shaoxing**, il fut question des rapports entre les zones rurales et urbaines et des transformations profondes du tissu social qui découlent du processus accéléré d'urbanisation. Les villes ont pris la place des campagnes dans l'évolution du monde au XXIe siècle. Les crises sont multiples.

La fuite vers la ville s'est accélérée et aggravée. Les crises agricoles et de la faim ont tendance à s'accentuer et à provoquer l'augmentation des flux de population dans les villes. Le dialogue entre ces zones doit être amélioré. Il convient de faciliter l'accès de ces populations aux services publics, ainsi que l'intégration d'une industrie moderne dans les cités des pays en développement. Ces questions ne concernent pas seulement les grandes villes mais aussi les villes de petite dimension et le développement de réseaux de cités.

Et à **Hangzhou**, c'est l'ambition d'offrir au monde et de bâtir des cités harmonieuses, pour une vie « vivable » pour leurs habitants, qui a été revendiquée. Notamment par une meilleure connaissance et un meilleur partage des pratiques urbaines efficaces et réussies par ailleurs dans le monde. En particulier, la conception confucéenne de la cité harmonieuse a été débattue. Les principales formes de coopération, de partenariats entre gouvernement, région et cités ont été abordées.

Concernant la coopération entre la Chine et l'Union européenne, s'est tenu durant la semaine du 14 au 19 juin 2010 un colloque sur « la science dans la cité ». Dans le pavillon de Belgique-Union européenne, ce fut une rencontre au plus haut niveau. Dans ce cadre, une mention particulière fut faite de l'importance des 56 parcs scientifiques en Chine dont, parmi eux, ceux de l'hinterland de Shanghai.

Outre ces forums, et durant l'Expo de Shanghai, d'autres forums de débats publics ont eu lieu dans toute la Chine, dans la plupart des provinces et des grandes villes ; par exemple le 21 juin 2010 à Xining, capitale de la province du Qinghai (nord-ouest de la Chine), un forum fut consacré à l'origine de l'eau et au développement urbain ; le

22 août 2010 un forum fut organisé à Lhassa pour discuter du système écologique et du développement urbain de la capitale du Tibet et de toute sa région alentour.

L'exposition de Shanghai 2010 a bien été un événement considérable par les confrontations des expériences et des savoir-faire en milieu urbain et de partage des meilleures pratiques urbaines qu'elle a su occasionner.

Forums thématiques, forums publics, forums de la jeunesse. L'Expo de Shanghai a été largement ouverte aux débats, à la discussion et au dialogue sur la ville de demain. C'est un immense investissement sociétal que la Chine, avec ses partenaires du monde, a réalisé. Pour son avenir, pour l'avenir de la ville et l'accomplissement de la vie dans le monde au cours du XXIe siècle.

9. De meilleures pratiques urbaines

La zone des « meilleures pratiques urbaines »,
une innovation majeure de l'Exposition

La zone des meilleures pratiques urbaines est une innovation majeure de l'Expo Shanghai 2010. Elle annonce, par la multitude et la diversité des initiatives de transformations urbaines présentées, la grande richesse des mutations en cours des cités du monde.

Ainsi, « la zone de meilleure pratique urbaine a pour objectif de présenter dans un espace concentré les meilleures pratiques et les objets réels innovateurs et universellement reconnus de villes représentatives du monde, et qui sont susceptibles d'améliorer la qualité de la vie urbaine ainsi que d'offrir une plate-forme pour que les villes puissent échanger leurs expériences sur la construction urbaine »[26].

Différents paramètres de la construction urbaine ont été définis autour de la mémoire (protection du patrimoine historique et culturel), de la « régénération » de l'espace urbain (faible émission de CO_2, dépollution, recyclage des déchets, économie d'énergie), de l'équilibre écologique entre l'homme et son environnement, de l'imagination, de l'harmonie au cœur de la cité.

Ainsi, « les (55) exemples de meilleures pratiques urbaines en provenance de différents pays, régions et villes, ont pour but de concentrer la

---

[26] *Aperçu sur l'Expo 2010 Shanghai Chine*, op. cit., p. 108

sagesse de l'humanité et de créer un nouveau mode de vie urbaine »[27].

Meilleures pratiques urbaines[28]

Cas	*Thème d'exposition*
Suzhou	Protection et rénovation de la ville antique Suzhou
Venise	Meilleures pratiques sur la protection et l'utilisation du patrimoine historique de Venise
Liverpool	Protection et réutilisation du patrimoine historique de Liverpool
Le Caire	Modèle intégré de la renaissance d'une ancienne ville historique
Hangzhou	« Hangzhou de qualité » créé par la pratique de gestion de l'eau « Canalisation des cinq eaux » centrée sur le lac de l'Ouest
Pondichéry	Pratique de la protection du patrimoine à l'objectif du développement économique et environnemental : « Projet des villes asiatiques 02-04 »
Montréal	Projet complexe environnemental de la région Saint-Michel - meilleure pratique au niveau mondial
Brême	Des connaissances à l'innovation : solution de la circulation urbaine
Friburg	Quartier Vauban de Fribourg : exemple de transformation écologique de la vielle caserne
Guangzhou	Développement durable de construction urbaine : traitement de l'environnement d'eaux

[27] Bureau de coordination pour l'exposition universelle de Shanghai, *Expo 2010 Shanghai Chine Guide Officiel,* avril 2010

[28] In *Expo 2010 Shanghai Chine Guide Officiel*, op. cit., p. 168-169

Cas (suite)	***Thème d'exposition***
ENEA	Ville au développement durable à l'italienne
Rotterdam	Rotterdam, ville d'eau
Saint Paul	Acte législatif des villes propres
Tianjin	Petite ville exemplaire Huaming de Tianjin
Dusseldorf	Coexistence du développement économique et du mode de vie : le pays habitable et le développement durable comme objectifs stratégiques et réalisations de la ville
Pôrto Alegre	Pratique de gouvernance basée sur le consensus social et local : stratégie favorable à l'intégration sociale
Ahmedabad	Initiative sur l'administration urbaine d'Ahmenabad
Alexandrie	Stratégie du développement urbain d'Alexandrie
Séoul	Culture et économie de Séoul
Bologne	Développement de la culture créative et la politique de tolérance sociale à Bologne
Shenzhen	Village Dafen de Shenzhen : une histoire de renaissance d'un village dans la ville
Prague	Protection du patrimoine historique dans la ville moderne
Malnö	Programme de développement durable de l'ancienne ville industrielle
Genève, Zurich et Bâle	Meilleure qualité de l'eau, meilleure vie urbaine
Osaka	Ville pilote en environnement – défi de ville d'eau Osaka
Bilbao	Musée des beaux-arts de Guggenheim à Bilbao : projet pilote dans la stratégie urbaine
Paris/Île-de-France	Une rivière mère, un site historique, une attitude de vie
Beijing	Village olympique
Barcelone	I : Quartier ancien au centre-ville de Barcelone II : La ville de nouvelle innovation de Barcelone
Hong Kong	Carte intelligente, ville intelligente, vie intelligente

Cas (suite)	***Thème d'exposition***
Izmir	« Restitution des canaux urbains » : travaux d'évacuation de la ville Izmir
Taipei	I : Ville exemplaire vers une société durable à ressources recyclables II : Large bande sans fil de Taipei – ville commode à large bande illimitée
Île-de-France	I : Développement durable : stratégie et arrangement II : Développer des villes historiques de l'avenir III : Restaurer et développer le patrimoine dans les villes durables
Brest	Exposition universelle océanique
Bonn-Bukhara	Économie d'énergie à partir de l'enseignement scolaire
Louxor	Des anciens tombeaux aux nouvelles villes et projet d'exploitation et d'arrangement du temple de Karnak
San Francisco	Réchauffement global : à la recherche de projets locaux par la coopération entre villes jumelées
Victoria	Futures salles de classe
Wroclaw	Ville de loisirs
Rosario	Gestion de construction sur la zone publique riveraine de Rosario
Hannover	Exposition sur la région de Kongsberg dans dix ans
Yanbian	« Delta d'or » écologique du nord-est de l'Asie, la grande famille heureuse et harmonieuse de diverses ethnies
Dongguan	Lac Songshan : créer le moteur de développement durable de célèbres villes
Guangzhou	Construction d'une maison agréable – action « Espaces verts »
Foshan	Modèle de transmission culturelle de Foshan – le passé, le présent et l'avenir de la culture de poterie de Foshan
Zhongshan	Fraternité-Harmonie, meilleure vie urbaine
Wuzhen (le bourg Wu)	Pratiques et protection du patrimoine historique de Wuzhen de Chine

Cas (suite)	***Thème d'exposition***
Kunshan	Kunshan avec quatre mélodies, l'écologie inspire la vivacité durable de la ville
Yangzhou	Protection de l'ancienne ville de Yangzhou
Zhouzhuang	« Le premier » village d'eaux, « lavé » par l'eau
Xiamen	Ville agréable ardin sur la mer
Tangshan	Projet d'arrangement écologique de la zone de sédimentation, sud à Tangshan
Rotterdam	Rotterdam, ville d'eaux
Hong Kong	Carte d'intelligence, ville intelligente, vie intelligente
Brême	Des connaissances à l'innovation : solution de la circulation urbaine
Odense	Renaissance de la bicyclette
La région Rhône-Alpes	I : Énergie environnementale et maisons durables dans les villes II : Système d'économie d'énergie pour l'éclairage urbain
Liverpool	Protection et réutilisation du patrimoine historique de Liverpool
Barcelone	Nouveau quartier innovant de Barcelone

Parmi les réalisations urbaines présentées, on distinguera d'abord celles qui, dans le cadre de l'Expo, ont eu l'exigence de l'exemplarité de l'urbanisation en Chine, et ensuite des exemples de celles du reste du monde.

En **Chine**, au cours des 30 dernières années, le processus d'urbanisation s'est considérablement accéléré. La population urbaine est passée de 20 % en 1980 à 40 % de la population totale en 2010. Ce processus s'est caractérisé par une expansion massive de la population dans les villages situés en périphérie des villes. Ce sont **les villages urbains**, « phénomène connu et spécifique à l'urbanisation rapide de la Chine ». Ces nouveaux villages urbains s'insèrent dans le tissu social des mégapoles chinoises sans perdre certaines de leurs caractéristiques rurales. Ainsi, la demande de logements sociaux pour des travailleurs migrants à bas revenus y est devenue considérable. Leur population est une population mobile en provenance des zones rurales, qui peut atteindre le cœur de la structure organisée des villes jusqu'à risquer d'y causer de profonds déséquilibres sociaux.

Les deux cas de villages urbains présentés sur le site de Puxi sont à cet égard exemplaires : ce sont d'une part la cité modèle de Huaming, dans la banlieue de Tianjin, et d'autre part le village de Dafen, symbole de la régénération d'un village urbain dans la cité de Shenzhen.

Le village modèle de Huaming

Dans le processus de développement de la Chine, le développement coordonné des zones rurales et urbaines est une priorité majeure. Dans le cas présent, c'est la méthode d'échange de l'habitat initial des fermiers contre une maison ou un appartement dans le village urbain de Huaming qui est appliquée.

Dans la banlieue de la mégapole de Tianjin, ce sont 40 000 fermiers de 12 villages qui ont ainsi accédé à un nouvel habitat. Les espaces des anciennes habitations rurales ont été réutilisés pour des activités agricoles plus efficaces. La fonction du village traditionnel recule ainsi. Parallèlement, de nouveaux parcs industriels planifiés viennent constituer des réservoirs d'emplois pour les anciens fermiers. En outre, avec un nouvel espace commercial et social.

Dans le futur proche, 410 000 fermiers seront déplacés dans des villes nouvelles selon le modèle de Huaming. Ce projet intitulé « projet 123 » est un important projet de planification incluant une zone agricole de 666,7 hectares, une communauté résidentielle urbaine de 1 333,3 hectares et une zone industrielle. Ce sont des structures d'échanges et d'accueil coordonnées. Un tel processus est basé sur la planification, la conception et la construction de petites cités nouvelles incluant un environnement plus écologique.

Dans ce « projet 123 », la zone industrielle en construction va comprendre la zone de concentration industrielle « high-tech » proprement dite, une zone modèle de conservation de l'énergie et d'émission de CO_2 réduite, un centre de recherche sur les droits de propriété intellectuelle et un quartier des affaires. Ainsi, « c'est à l'émergence d'un nouveau Huaming moderne, harmonieux et civilisé, ayant une forte capacité concurrentielle et un haut niveau de vie auquel on assiste, pour un avenir plus prospère et brillant »[29].

Propagande peut-être, certainement un autre modèle de développement urbain, sous l'emprise de la planification. On est loin du processus d'urbanisation qui, dans d'autres grandes villes du monde conduit à l'extension des bidonvilles et à leur aggravation.

Le village de Dafen ou la régénération d'un village urbain dans la cité de Shenzhen[30]

Sur la « rivière des Perles », Shenzhen a connu dans les années 1980 une extension rapide et tentaculaire : au début, 300 000 résidants indigènes, 350 000 maisons privées ; puis en 2009 320 villages urbains, un espace de constructions nouvelles sur 170 km^2 et au total plus de 9 millions de résidants.

La « régénération des villages urbains » en prise avec la pauvreté urbaine est devenue un nouvel axe de développement urbain : répondre aux besoins des populations à bas revenus et des

[29] Présentation de « Tianjin-China, Huaming Model Town », Expo 2010
[30] Shenzhen Pavillon Guidebook, *Shenzhen, Frontier 2010 China Dreams*, 2010

populations flottantes afin de leur apporter plus de dignité. Pour y faire face, Shenzhen a pris une série d'initiatives pour un développement équitable et une plus grande harmonie sociale. Ces villages urbains, situés à la périphérie des mégapoles et notamment de Shenzhen, sont ainsi considérés comme des espaces critiques dans la cité.

Dans ce contexte, la régénération du village de Dafen a pris valeur d'exemple. Au départ, ce petit village de 0,4 km^2 situé dans la banlieue de Shenzhen réunissait 300 habitants ; puis, au début des années 1980, ce fut un afflux de paysans venant y travailler. L'arrivée de Huang Jiang, un marchand de peinture venant de Hong Kong, a transformé complètement ce village urbain en y créant une activité industrielle autour de la peinture à l'huile et de la contrefaçon des œuvres occidentales. La copie est en effet autorisée à condition que ses proportions soient différentes de celles de l'original et que son auteur soit décédé depuis au moins 70 ans.

Des 20 peintres et apprentis de départ, ce sont aujourd'hui au moins 10 000 peintres qui exercent leur « art » dans les 836 galeries ouvertes depuis, qui exportent essentiellement vers les États-Unis et l'Europe. Huang Jiang a bien inventé le « fast painting » ou le fordisme appliqué à l'art ; en quelque sorte, il est le « McDonald de l'art ». Peintures à la chaîne (tels 70 tableaux par jour des

« Tournesols » de Van Gogh). En moyenne, le coût de production est de 3 euros et le prix de vente à l'exportation de 40 euros. C'est un enchaînement d'activités (12 heures par jour 6 jours sur 7) qui a ainsi conduit à faire du village urbain de Dafen un nouvel espace « culturel » devenu une référence dans le monde.

Autour de cette activité, Dafen a développé une chaîne d'activités industrielles allant des entreprises qui produisent différents types de peintures à l'huile aux entreprises de logistique et d'emballage, ainsi qu'aux centres de formation artistique. En 2007, le gouvernement local y a fait construire un musée d'exposition.

Les modèles de développement industriel dérivés de la régénération du village de Dafen peuvent inspirer d'autres villages urbains du fait de sa grande vitalité et de sa prospérité.

Ainsi présentées, les expériences et réalisations des villages urbains de Huaming et Dafen, au sein des mégapoles de Tianjin et Shenzhen, ont pris valeur de modèle en Chine. Un processus d'urbanisation planifié qui repose sur la conception et la construction de petites villes nouvelles dans les grandes cités, ajustées à l'agrégation industrielle et à un environnement plus écologique dans le cadre de politiques nationales.

Autres « meilleures pratiques urbaines »

Que dire alors des autres exemples de « meilleures pratiques urbaines » présentés à l'Expo de Shanghai ? Nombreux, divers, selon les thèmes retenus et les alternatives possibles dans les villes sur tous les continents.

Ce sont les problématiques liées à l'environnement et à son amélioration, à la protection du patrimoine et des sites historiques et à l'intégration sociale qui ont prédominé.

Les futurs de l'eau (à Rotterdam, Bâle-Genève-Zurich, Izmir, Osaka, etc), des transports urbains (Brême, Odense, Londres, Paris/Île-de-France, etc.), de l'habitat (Milan, Shanghai, région Rhône-Alpes, etc.), de l'intégration sociale (Pôrto Alegre, Bologne, etc.) et de la protection du patrimoine (Bilbao, Le Caire, etc.) se trouvent au centre des préocupations urbaines.

Dans l'espace de Barcelone, l'accent est mis sur la planification urbaine, la fusion de l'habitat traditionnel et de l'habitat d'avant-garde. La ville devient un centre d'innovation sociale, de réunion de talents et de créativité. C'est la consolidation d'un modèle compact de ville.

Dans l'espace de Pôrto Alegre, l'accent est mis sur un projet d'intégration sociale, d'art collectif par le carnaval au travers de la samba et du sport ; avec la participation de 4 000 enfants.

C'est au Caire qu'est valorisée la revitalisation de la vieille ville. C'est un projet de la fondation de l'Aga Khan, le parc Al Azhar, une oasis de 31 hectares.

C'est le cas, à Shanghai, de la résidence modèle écologique de « zéro-énergie » en Chine, qui privilégie un important dispositif d'énergie solaire.

C'est, à São Paolo, le choix de la « cité propre » devenue une nécessité pour combattre la pollution. Une loi interdisant toute publicité extérieure et ordonnant la taille des enseignes de magasin est appliquée depuis le 1er janvier 2007. Rare victoire de l'intérêt public sur l'intérêt privé.

À Pondichéry, qui a joué un rôle prééminent dans les échanges culturels entre l'Inde et la Chine, nous nous trouvons avec la forte présence de Sri Aurobindo (1878-1950) et de la cité d'Auroville. Comme il est écrit au début de sa charte : « Auroville n'appartient à personne en particulier. Auroville appartient à l'humanité dans son ensemble. »

Au niveau régional citons en outre le pavillon « vert » de l'Alsace, sur le thème de la ville durable et du défi énergétique (énergie solaire avec collecteur photovoltaïque), et ceux des régions Paris-Île-de-France et Rhône-Alpes.

Il convient aussi d'évoquer la présence des entreprises, qui sont des acteurs significatifs des mutations urbaines dans le monde.

Une présence surtout asiatique avec pour la Chine le pavillon des chemins de fer, le pavillon pétrolier et le pavillon conjoint des entreprises de Shanghai, le pavillon d'industrie du Japon, le pavillon conjoint de la république de Corée et des pavillons de multinationales américaines (CISCO, Coca-Cola).

C'est un foisonnement d'expérimentations et de projets urbains. Ainsi, pour la première fois, une exposition universelle a réussi à mondialiser le défi urbain.

Y a-t-il convergence des approches et des pratiques urbaines ? Ne perçoit-on pas, notamment en observant la Chine, des spécificités stratégiques de l'intégration urbaine, en comparaison avec des réalités urbaines nettement différenciées dans d'autres régions du monde ?

La prise en compte de nouvelles formes de « déconstruction », liées notamment à l'aggravation de la situation des bidonvilles en Afrique, en Asie du Sud-Est, en Inde et en Amérique du Sud, devient une priorité d'action universelle.

Cette exposition universelle a été le théâtre d'un décloisonnement possible des expériences urbaines vécues et de leur partage dans le monde.

10. La Déclaration de Shanghai

Vue de l'exposition universelle à partir du pavillon de la France, photographie de l'auteur, juin 2010

Le 31 octobre 2010 a pris fin l'exposition universelle de Shanghai. Une réussite d'exception, avec plus de 73 millions de visiteurs (dont plus de 95 % de visiteurs chinois) au cours des 184 jours qu'a duré cette Exposition et une fréquentation quotidienne moyenne approchant 400 000 visiteurs.

Ce fut un démarrage relativement lent début mai (environ 250 000 visiteurs par jour) ; puis la fréquentation s'est accrue et stabilisée entre 400 000 et 500 000 visiteurs par jour en juin, juillet et août, pour reculer en septembre et exploser au cours du mois d'octobre. Le record d'affluence est atteint le samedi 16 octobre avec 1 032 800 visiteurs, équivalant en une seule journée à l'affluence totale de la première semaine.

Les précédents records d'affluence, notamment ceux d'Osaka en 1970 avec 64,22 millions de visiteurs au total et 844 000 visiteurs en une seule journée, ont été largement dépassés. Il importe de rappeler cependant l'importance de l'exposition universelle de Paris qui, en 1900, avec 50 millions de visiteurs déjà, marqua avec éclat l'entrée dans le XXe siècle. C'était le temps de la « Belle époque », avant que le monde connaisse celui des guerres et des destructions au cours de ce siècle.

Événement de portée universelle, l'exposition de Shanghai s'est déroulée au moment même du positionnement de la Chine parmi les grandes puissances du monde, son économie devenant la deuxième du monde après celle des États-Unis.

Au delà de son succès immédiat, avec plus de 80 milliards de yuans de revenus « touristiques », soit environ 12 milliards de dollars[31], l'exposition de Shanghai marque un grand tournant dans l'histoire des expositions universelles, surtout du fait de l'acuité du thème choisi « Meilleure ville, meilleure vie ».

Cette dimension historique a été éclairée par l'approbation, le 31 octobre 2010 de la **Déclaration de Shanghai** venant clore les échanges et les travaux des forums accomplis au cours des 184 jours de l'Exposition.

Par cette déclaration, il s'agit de relever les nouveaux défis de l'urbanisation « au moment où plus de la moitié de la population mondiale habite dans les villes (…). L'explosion démographique, la saturation des transports urbains, la pollution, la pénurie de ressources, la pauvreté dans les villes et les conflits culturels deviennent des problèmes urbains à l'échelle globale. »[32]

---

[31] « L'exposition de Shanghai aurait coûté 43 milliards d'euros d'investissements indirects » : Harold Thibault, « L'Expo Shanghai 2010 dit adieu à 73 millions de visiteurs », *Le Monde*, 2 novembre 2010.
[32] *Déclaration de Shanghai*, 31 octobre 2010

Les défis ici recensés sont parmi les principaux défis de ce XXIe siècle. Au cœur de ces évolutions critiques majeures, nous discernons un processus accéléré d'urbanisation et la montée en puissance des grandes cités et des mégapoles.

Les populations urbaines, surtout dans les pays en développement, augmentent plus vite que la capacité des villes et des mégapoles à les accueillir et à les soutenir pour leur assurer une vie décente.

La plupart des mégapoles sont des lieux paradoxaux, asymétriques et de non-partage des richesses. Saturation, légalité et illégalité, espaces de concentration des richesses (savoir, capitaux mobilier et immobilier) et des pauvretés, sinon de survie, pour les plus pauvres parmi les pauvres. Cohabitation difficile et douloureuse pour des populations « condamnées » à vivre ensemble sur un espace commun souvent dégradé. Avec la réalité brutale des bidonvilles qui s'impose aux yeux de tous. « Les bidonvilles sont les produits de politiques publiques défaillantes, d'une mauvaise gouvernance, de la corruption, du dysfonctionnement des marchés des terrains et des systèmes financiers, bref, d'un manque fondamental de volonté politique. »[33]

La pauvreté massive a rejoint les grandes cités du monde. L'un des Objectifs du Millénaire pour

[33] Source : *Déclaration de Shanghai*, op. cit.

le développement stipule une amélioration des conditions de vie pour plus de 100 millions de résidants de bidonvilles à l'horizon 2020. Mais, même si cet objectif est atteint, pourra-t-on pour autant juguler le flux croissant de personnes vers les bidonvilles, dont le nombre passerait de 400 millions à 1,4 milliard d'habitants, pour une large proportion dans les grandes cités des pays pauvres de la zone tropicale ?

Ayant attesté l'urgence de ces défis, les rédacteurs de la Déclaration de Shanghai préconisent la construction de « villes plus harmonieuses » autour de **sept propositions d'action** :
« – Développer une civilisation écologique orientée vers le futur
– Poursuivre une croissance équilibrée qui inclut tous les citoyens
– Promouvoir l'innovation scientifique et technologique en tant que voie de développement
– Construire une société de l'information intelligente et accessible
– Encourager une société multiculturelle ouverte et généreuse
– Construire des communautés amicales où il fait bon vivre
– Promouvoir un développement équilibré entre zones urbaines et zones rurales »[34].

[34] Source : *Déclaration de Shanghai*, op. cit.

Même si les axes choisis témoignent une volonté commune de construire une société ouverte, généreuse, de progrès, pacifiée, ne risquent-ils pas en partie de n'être que des vœux pieux ?

Il n'empêche que l'analyse des défis retenus donne, par leur reconnaissance, plus de consistance et de force à ces propositions. Ce sont des voies ouvertes pour l'action, en vue de la coordination des actions entre les États de ce monde et les grandes institutions publiques et privées. Un engagement de toutes les forces mondiales, sans exclusive.

Ainsi, transformer la cité mégapole, comme le laissent entendre les propositions ci-dessus, en une terre d'accueil plutôt que d'exclusion devient un défi majeur à relever, une ambition possible à réaliser pour le XXIe siècle. Comme l'ONU-Habitat qui se donne pour objectif « des villes sans bidonvilles, vivables pour tous, qui ne polluent pas l'environnement et n'épuisent pas les ressources naturelles »[35].

La permanence et la gravité de cette crise de l'habitat réduit pour un grand nombre l'accès à l'éducation, à l'eau potable, à l'hygiène et la santé, à l'emploi et à la sécurité. En quelque sorte, la main visible de la pauvreté durable.

---

[35] ONU-Habitat, *Pour un meilleur avoir urbain*, 2009, p. 2-3

Le temps pour une gouvernance de la solidarité contre la « bidonvilisation » des grandes cités du monde est bien là. Il nécessite la mise en œuvre d'une stratégie solidaire entre pays en développement et pays développés.

Parmi les chantiers à engager, celui de l'éducation des enfants serait à privilégier. Comment ne pas concevoir comme prioritaire l'accès à l'école pour chaque enfant de bidonville ? Comment ne pas reconnaître la légitimité du droit à l'éducation de chaque enfant de bidonville ? Leur abandon en est devenu l'« identité » première. Faisons du principe « un bidonville, une école » un axe central de la gouvernance pour la solidarité durable.

Le secrétaire général de l'ONU Ban Ki-moon, dans son discours tenu lors du forum de clôture de l'Expo Shanghai 2010 le 31 octobre 2010, a bien déclaré :

« Nous savons tous que les villes d'aujourd'hui subissent d'énormes pressions. Un nombre croissant de personnes délaisse les campagnes pour les villes. Ces dernières ont de plus en plus de mal à faire face à cet afflux de population. Des milliards de personnes vivent dans des conditions dangereuses, piégées dans les ghettos d'où aucune issue n'est possible, et sans accès aux commodités les plus basiques comme l'eau potable, les sanitaires et un abri digne de ce nom (…). Malgré tout cela, les villes conservent leur fort pouvoir d'attraction.

Elles sont sources d'emplois et d'opportunités économiques. Elles tirent le commerce et l'innovation. Les gens s'y rassemblent dans l'espoir d'une vie meilleure.

L'Expo de Shanghai nous a offert des idées inestimables pour affronter ces défis. »[36]

Cette position est forte. Elle a du poids pour aller à la conquête du nouveau monde urbain « en partageant nos savoir-faire, nos cultures et notre désir d'un monde meilleur ». Avec plus de force commune et de solidarité. « La Chine est à l'avant-garde sur les défis posés par les bidonvilles urbains, les sources d'énergies renouvelables et l'économie verte. »[37]

L'exposition universelle de Shanghai a été un événement considérable, révélateur de la possibilité de basculements historiques possibles.

---

[36] Ban Ki-moon, op cit., 31 octobre 2010
[37] Ban Ki-moon, op. cit., 31 octobre 2010

CONCLUSIONS

Une tradition d'accueil plus que millénaire, photographie de l'auteur, juin 2010

L'exposition universelle de Shanghai est un événement considérable et heureux qui, par son thème célébré « Meilleure ville, meilleure vie », va longtemps résonner dans le monde.

Ce thème a été célébré et le sera encore, tellement sa trame est en synchronie avec l'évolution démographique globale et avec les défis d'une urbanisation croissante sur tous les continents.

Avoir réussi dans un lieu pénétré d'histoire urbaine à en faire un événement universel, un temps de célébration unique pour toutes les nations, cela constitue en soi un temps de paix et de libertés partagées entre les peuples, pour un futur commun. Reconnaissons que ceci n'eût pas été possible sans l'engagement et l'accueil de la Chine et de Shanghai.

Alors qu'elle se situe au second rang des puissances économiques du monde depuis 2010, peut-on encore invoquer pour la Chine le qualificatif de puissance émergente ? Tout indique que la Chine a acquis le statut de puissance « émergée ». De « l'empire du Milieu » et de sa puissance d'antan, la Chine se découvre un nouvel « empire » au cœur du monde. Ainsi est tracée une voie commune, la voie urbaine, avec les autres nations du monde et sur son propre territoire.

Il y a en quelque sorte une continuité symbolique entre la « cité pourpre interdite » de Pékin et le « pavillon pourpre de Shanghai » régnant sur le monde.

Du « ciel » à la « terre », vers « l'universel ». De « l'empire du Milieu » vers la planète « Terre urbaine ».

C'est un rassemblement immense et unique dans l'histoire, qui est marqué de son caractère universel avec les présences de :
– 189 pays de tous les continents (dont notamment, dans le seul pavillon conjoint de l'Afrique, 42 pays),
– 57 organisations internationales (dont l'ONU avec l'ensemble de ses agences et de ses programmes d'action),
– 80 cas de « meilleures pratiques urbaines » (dont celles des principales grandes villes du monde),
– 18 pavillons d'entreprises multinationales et chinoises,
– 73,08 millions de visiteurs, en majorité chinois, soit plus de 1 % de la population mondiale.

Au delà des contributions nationales, il y a surtout la contribution pour la fondation durable des villes du futur.

L'ensemble des « meilleures pratiques urbaines » constitue dans l'histoire présente l'ébauche d'un espace de coopération possible, pour affronter les graves déséquilibres que connaissent les grandes cités du monde. « À travers cette Expo, des millions de personnes ont découvert des solutions permettant de rendre nos villes plus saines et plus sûres. »[38]

Et soulignant en outre de manière plus spécifique :

« Nous comprenons qu'une attention particulière doit être portée aux problèmes uniques des bidonvilles de la planète (…). Aujourd'hui déjà, la Chine est à l'avant-garde sur les défis posés par les bidonvilles urbains, les sources d'énergie renouvelable et l'économie « verte ». »[39]

De telles actions en milieu urbain légitiment une pérennisation des « meilleures pratiques urbaines » et de leur maillage dans le monde. Faire connaître, faire ensemble, créer des réseaux solidaires, notamment contre l'appauvrissement et les bidonvilles dans les grandes cités du monde. La réduction des zones de pauvreté et l'extension d'un habitat d'accueil humanisé sont un défi majeur à relever.

Par delà l'événementiel, il y a l'enjeu d'un héritage à faire fructifier, celui du concept de « Villes meilleures pour une vie meilleure » pour tous, sans fracture ni exclusion dans le monde. C'est

---

[38]Ban Ki-moon, op. cit., 31 octobre 2010
[39] Ban Ki-moon, op. cit., 31 octobre 2010

certainement une tâche considérable à accomplir, qui nécessite le dépassement d’un « laisser-faire » par l’engagement dans une solidarité durable.

En 2015, l’exposition universelle de Milan y prêtera son concours avec son thème porteur « Nourrir la planète, énergie de vie ». Quel défi pour l’humanité !

À vivre et à partager.

GRATITUDE

J'exprime ma gratitude aux personnes qui m'ont apporté leur appui lors de mes périples à Shanghai, avant et durant cette exposition universelle. Ce fut un appui précieux à cet accomplissement.

Je souhaite adresser toute ma reconnaissance, pour le soutien de grande valeur qu'ils m'ont apporté au cours de la préparation de ce livre, à Jean Bourlès et à Françoise Zamora-Jones. Merci à Michel Coomans pour ses conseils amicaux.

Que les organisateurs de cet immense événement trouvent dans cet ouvrage un témoignage reconnaissant.

BIBLIOGRAPHIE

Livres et articles

Marcel Galopin, *Les Expositions internationales au XXe siècle et le Bureau international des expositions*, collection « Chemins de la mémoire », L'Harmattan, 1997, 361 pages

Pierre et Renée Gosset, *Chine rouge an VII,* Club des éditeurs, collection « Hommes et Faits de l'histoire », mars 1960

Cyrille Javary, *Dans la cité pourpre interdite*, éditions Philippe Picquier, 2001, 145 pages

Joël Le Quément, *Shanghai – À la croisée des chemins du monde*, préface d'Ilya Prigogine, prix Nobel, L'Harmattan, 2002

Joël Le Quément, *Mégapoles – De Babel aux grandes cités du monde*, L'Harmattan, 2004

Alexandre Adler, « 2010, année de la montée en puissance de la Chine », *Le Figaro*, 31 décembre 2010

Régis Debray, « Voyage au pays des expositions universelles. Entre Diderot et Disneyland », *Le Monde*, 7 juin 1990

Amazing France Pavillon France (magazine officiel du pavillon français durant l'Exposition),

exposition universelle de Shanghai 2010, numéro unique, décembre 2009

European Union, « EU – China Science and Technology Week », *Programme*, Shanghai 2010, 14-19 juin 2010, 89 pages

Information Office of Shanghai Municipality and Shanghai Municipal Statistics Bureau, *2010 Shanghai Basic Facts*, 2010, 122 pages

Publications officielles de l'exposition universelle

Département de la rédaction d'« Expo Shanghai », *Aperçu sur l'Expo 2010 Shanghai Chine*, Groupe d'édition de Chine, 2009, 156 pages

Bureau de coordination pour l'exposition universelle de Shanghai, *Expo 2010 Shanghai Chine Guide officiel*, avril 2010, 222 pages

Bureau of Shanghai World Expo Coordination, *Expo 2010 Shanghai China Official Guidebook*, Shanghai People's Publishing House, April 2010, 222 pages

http://www.fr.expo2010.cn, *Site officiel de l'Expo de Shanghai 2010*

« Expo Daily », *Shanghai Daily* (The only Official Publication of 2010 World Expo Shanghai, China)

TABLE DES MATIÈRES

L'HARMATTAN, ITALIA
Via Degli Artisti 15; 10124 Torino

L'HARMATTAN HONGRIE
Könyvesbolt ; Kossuth L. u. 14-16
1053 Budapest

L'HARMATTAN BURKINA FASO
Rue 15.167 Route du Pô Patte d'oie
12 BP 226 Ouagadougou 12
(00226) 76 59 79 86

ESPACE L'HARMATTAN KINSHASA
Faculté des Sciences sociales,
politiques et administratives
BP243, KIN XI ; Université de Kinshasa

L'HARMATTAN GUINEE
Almamya Rue KA 028, en face du restaurant Le Cèdre
OKB agency BP 3470 Conakry
(00224) 60 20 85 08
harmattanguinee@yahoo.fr

L'HARMATTAN CÔTE D'IVOIRE
M. Etien N'dah Ahmon
Résidence Karl / cité des arts
Abidjan-Cocody 03 BP 1588 Abidjan 03
(00225) 05 77 87 31

L'HARMATTAN MAURITANIE
Espace El Kettab du livre francophone
N° 472 avenue du Palais des Congrès
BP 316 Nouakchott
(00222) 63 25 980

L'HARMATTAN CAMEROUN
BP 11486
Face à la SNI, immeuble Don Bosco
Yaoundé
(00237) 99 76 61 66
harmattancam@yahoo.fr

L'HARMATTAN SENEGAL
« Villa Rose », rue de Diourbel X G, Point E
BP 45034 Dakar FANN
(00221) 33 825 98 58 / 77 242 25 08
senharmattan@gmail.com

Achevé d'imprimer par Corlet Numérique - 14110 Condé-sur-Noireau
N° d'Imprimeur : 77815 - Dépôt légal : mars 2011 - *Imprimé en France*

Made in the USA
Monee, IL
04 November 2026

67387158R00085